U0150751

Fermented puerh tea

普洱熟茶教科书

周重林　杨静茜　著　　张理珉　杨新源　校

华中科技大学出版社
http://www.hustp.com
中国·武汉

这是一本透露着红亮，散发着陈香，蕴含着醇厚的熟茶之书，

是写给每一个人看的教科书。

我们的书写不是无懈可击，

也不需要你正襟危坐。

这是一本可以随意摆放在茶桌旁的"教科书"，

你可以批注、修改，也可以反驳。

当你打开这本书的时候，

就接受了一份邀请，

一段熟茶世界的美味旅途正式开启，

你准备好了吗?

目

录

开篇

普洱茶：
山海之间的味觉漂移

© 香港街头

在香港中环的老茶楼里，人群熙攘、热气腾腾，市民的生活从一杯早茶开始。汤色红浓、陈香馥郁的普洱茶，是这里最受欢迎的饮品。一杯热茶，再加上几份点心，是港式早茶的标准搭配。闷热潮湿的空气、车来车往的忙碌，这杯温润的茶汤，调剂着水泥森林里的节奏与呼吸。有人说，喝早茶的地方，商业都相对发达。伴随着商业的发展，"吃早茶"也成了香港、广州一带最具代表性的文化符号。

　　与香港相隔千里的澜沧江畔，山里的茶农世代守护着云南茶山。这里最古老的茶园，已经有千百年的历史。比起红浓陈香的茶汤，山里的老人更喜欢苦涩浓烈的烤茶。外出劳作的时候，他们会带上一壶浓茶，在高原阳光下享受一刻清凉，茶汤苦过之后的回甘，蕴含了大山里的生活哲学。在漫长的时光里，山里的生活是缓慢的，茶叶的流动也是缓慢的。老人们喜欢坐在火塘边，喝茶聊聊过去的事，而村里那些学会了用工夫茶具泡茶的年轻人，只要打开手机就能与全世界连接。

　　一棵长在澜沧江边的茶树，苗壮挺拔。茶叶经过制茶人之手，变成了山里人手中这杯金黄浓郁的苦茶汤；它也会跋山涉水，成为珠江边茶楼上那杯陈香馥郁的红汤茶。当茶与人相遇之后，我们要开始讲述的，不仅仅是茶汤的颜色和滋味。

◎ 人头攒动的港式茶餐厅

· 山间铃响马帮来

　　一支 120 匹骡马、43 名赶马人组成的云南马帮，昨天抵达北京境内。马背上驮着普洱茶，行走了 4100 多公里，他们重走 300 年前的贡茶之旅。本月 14 日，云南马帮运来的 4 吨普洱茶将在北京西山八大处公园进行拍卖，钱款将用于在云南建设 5 所希望小学。

《青年报》，2005 年 10 月 11 日

　　2005 年 5 月，由 120 匹骡马组成的云南大马帮，驮着数吨普洱茶，从云南出发，途经多个省市，历时半年，最终抵达北京。在没有微博也没有微信的时代，马帮进京事件轰动全国，引发了广泛关注。这一年，普洱茶开始从默默无闻变得炙手可热。在一个绿茶拥有绝对主导地位的茶叶大国，普洱茶这一个性十足的"异类"就这样高调出场了。

◎ 山清水秀的云南茶山

　　伴随着普洱茶一同出场的，还有一段十分精彩的历史
叙事：

　　普洱茶是云南的历史名茶，广受藏族同胞、南洋华侨
和古代皇室喜欢。在没有汽车也没有公路的年代，马帮日
夜兼程，运载着茶叶，从澜沧江两岸的茶山出发，风雨无
阻地把普洱茶送往各地。在茶叶运输途中，有刮风下雨，
也有阳光暴晒，云南的普洱茶就开始在马背上自行发酵。
长达数月或半年的运输之后，这些茶最终抵达目的地，一
路的颠簸与发酵，普洱茶的茶汤从最初的绿色变为红色，
滋味也由苦涩刺激变得甘醇厚滑。

◎ 古六山深处的茶马古道，静谧而古老

　　无论从商业还是从文化的角度来看，这都是一个令人入迷的叙事，它没有捏造事实，也没有虚构历史，但它知道如何选取普洱茶历史中最迷人的部分来进行讲述。这个叙事的精妙之处在于它满足了大多数人对普洱茶、对云南边地的想象。

　　云南地处西南边陲，相对于中原大地，这里属于边疆，盛产奇珍异草，民族风情旖旎。1999年世博会之后，云南旅游热开始在全国兴起，茶叶作为重要的云南特产被越来越多的人认识。2004年，田壮壮拍摄的《德拉姆》上映，这部讲述横断山脉马帮生活的纪录片，让茶马古道深入人心。2005 年，云南马帮进京，进一步助推了云南茶的普洱时代。在中国，任何一种名茶的诞生，都离不开它所生长的地域。西湖龙井、信阳毛尖、黄山毛峰、武夷岩茶等等，我们通过一杯茶认识一个地方，也通过一个地方了解一杯茶。这种连接，是对一种滋味、一个地方的想象与向往。西湖龙井如此，云南普洱茶，亦如此。一杯茶里，浸泡的是来自地理与人文的滋养。

云南茶虽然没有出现在茶圣陆羽《茶经》的记载中，但却并没有因此而黯淡。在中国的茶叶版图中，云南茶是一个重要的存在，但云南茶和云南这个地方一样，都是逐步被发现的。立体气候，生态多元，多民族聚居，让云南拥有了丰富的茶树资源以及丰富多彩的民族茶文化。澜沧江、茶马古道、赶马人，这些都是真实存在过的历史，也是这些历史造就了云南茶的独特姿态。

在那个已经渐渐远去的 2005 年，中国神舟六号飞船顺利升空，微软停止 Windows 2000 的主流技术支持，《魔兽世界》正式在中国大陆商业运行……与日新月异的现实世界相比，一杯古老而神奇的普洱茶，仿佛打开了一个崭新的世界。那些充满好奇的人，都被这杯茶所吸引。这种紧压成饼、汤色红浓还带有陈香的饮品，开始进入更多人的生活，也拓宽了人们对中国茶的认知。

· 普洱茶到底是什么茶

　　很多人第一次听到"普洱茶"，都会困惑：这是指茶树品种还是加工方式？还是产自"普洱"这个地方的茶？2005年马帮驮进京城的茶和古代的普洱茶是一种茶吗？普洱茶的历史到底有多久？

　　普洱茶，可以指一种茶树品种。植物学上的普洱茶种（*Camellia .sinensis var.assamica*）又称阿萨姆茶种，俗称大叶种茶，原产地为澜沧江流域，目前主要栽种在中国云南、印度阿萨姆和斯里兰卡。从外观上看，阿萨姆种为乔木、小乔木型，高度可达10米。从叶片大小来看，定型成熟叶片的面积一般大于$40cm^2$，叶片长12.7—25.3cm，宽8.0—9.0cm，叶厚度往往达到0.3—0.4mm，叶形椭圆为主，叶尖聚尖或渐尖，叶面隆起，叶色绿有光泽，叶片厚而柔软，因此也被称做"大叶种茶"。普洱茶种滋味浓强，

◎ 云南大叶种的标志大叶

适于制成多种茶类，但抗寒性较差，主要分布于北回归线以南。云南的栽培型古茶树基本都属于普洱茶种。

普洱茶，也可以指云南历史上具有代表性的茶。从明代开始，普洱茶之名就开始出现在各种文献中。它是清代阮福在《普洱茶记》中所说的团茶、芽茶、蕊茶。普洱茶是古代流通的商品，是皇室的贡品，但与今天市场上销售的普洱茶并非一一对应。根据《清代贡茶研究》[1]一书所记，清皇宫所消耗最大宗的茶品正是普洱茶。普洱茶特有的解油腻功效，最早被游牧民族所认识。

有云南茶文化研究者的文章提到，把晒青毛茶经渥堆发酵的茶称之为普洱茶的时间是在 1976 年。

[1] 万秀峰，刘宝建，等.清代贡茶研究 [M].北京：故宫出版社，2014.

1976 年 12 月，在熟茶生产了一年后，省茶叶进出口公司根据全省茶叶的生产、销售情况，在昆明召开全省普洱茶生产会议，通报了"广交会"发酵茶销售情况和需求量，明确提出云南的茶厂加大发酵茶的生产，同时，为了外销方便，也为了与其他茶区区分，正式决定将晒青毛茶经渥堆发酵的茶称之为"普洱茶"。[1]

上面一段材料中所提到的发酵茶，也就是我们今天所谈论的"熟茶"。以 1976 年为一个时间点，普洱茶等同于熟茶，但是在此之前，"普洱茶"就已经存在，而在此之后，普洱茶的内涵和外延也在持续变化。历史典籍中的普洱茶与当下我们所言的普洱茶，并非完全承接对应。

"普茶"之名，在汉语文献中的初次亮相是在明代谢肇淛的《滇略》：

滇苦无茗，非其地不产也，土人不得采取制造之方，即成而不知烹瀹之节，犹无茗也。昆明之太华，其雷声初动者，色香不下松萝，但揉不匀细耳。点苍感通寺之产过之，值亦不廉。士庶所用，皆普茶也，蒸而成团，瀹作草气，差胜饮水耳。

[1] 程昕，逸夫. 借用古名——"普洱茶""熟茶"来由探秘 [J]. 普洱，2016(8).

◎ 普洱茶传统笋壳包装

这段文字的大意是说云南人不会制茶，也不太会泡茶，人们喝蒸而成团的普茶，青草味重，也只是比喝水味道好一点而已。这位祖籍福建、生于浙江的官员似乎不太习惯云南茶的味道，但至少他把他经历的云南茶饮记录了下来，这已经十分可贵了。

除了《滇略》中记载的普茶，更多人则把普洱茶的命名归因于清代普洱府的建立。1729 年（清雍正七年）清政府在今天的宁洱县设置了普洱府，云南普茶因为在此交易、流通而被人所熟知。以地名来统领茶叶，一直是中国茶的传统。在某个历史时期，对于外界而言，普洱茶就等同于云南茶，但是在更多的时候，云南茶并不等于普洱茶。想说清楚普洱茶的源流演变，确实不容易。历史的许多细节早已支离破碎，很多时候我们只是在盲人摸象。

我们日常听到的红茶、黄茶、白茶、绿茶、青茶、黑茶基本都是从工艺角度去定义，很好理解。但普洱茶为什么这么特别呢？六大茶类是中国茶现代分类的基本格局，普洱茶被划分在黑茶类。但是如果你只是套用黑茶的概念，也无法完全理解普洱茶。

黑茶是我国六大茶类之一，属于后发酵茶，是我国所特有的茶类，生产历史悠久，以制成紧压茶边销为主。因为其成品茶的外观呈黑色，故名黑茶。黑茶的主产区为四

◎ 普洱茶生茶饼

◎ 普洱茶熟茶饼

川、云南、湖北、湖南、陕西等地。它采用的原料较粗老，
是压制紧压茶的主要原料，其制茶工艺通常包括杀青、揉
捻、渥堆和干燥四道工序。黑茶按照地域分布，主要可以
分为湖南黑茶（茯茶）、四川黑茶（边茶）、四川雅安藏茶、
云南黑茶（普洱茶）、广西六堡茶、湖北老黑茶以及陕西
黑茶。[1]

很多人对于普洱茶是否属于黑茶的问题争论不休，我
们在这里先不争论，我们可以把黑茶的定义和国家标准中

---

[1] 陈涛涛 . 茶常识速查速用大全集 [M]. 北京：中国法制出版社，2014：21-22.

普洱茶的定义结合起来看看。GB/T 22111—2008《地理标志产品　普洱茶》中对普洱茶的定义是：

以地理标志范围内的云南大叶种晒青茶为原料，并在地理标志保护范围内采用特定的加工工艺制成，具有独特品质特征的茶叶。按其加工工艺及品质特征，普洱茶分为普洱茶（生茶）和普洱茶（熟茶）两种类型。

国家标准对普洱茶的区域、品种、工艺流程进行了规定，也划分了生熟。熟茶与生茶，一种是人工快速发酵转化出陈香陈韵，一种是在岁月中缓慢地发酵，越陈越香，各美其美。

在饮品世界，对产地和品种进行规定，并不罕见。世界知名的香槟，只有在法定产区内、以指定品种和特定酿造工艺加工而成的，才能称之为香槟。有人说这是一种地方保护主义，但换个角度来看，这其实是对品质的极致要求。

在普洱茶的地方标准和国家标准中对地域、工艺、品种进行了规范，这推动着普洱茶产业的发展，变为云南茶产业的重中之重。微观之处，普洱茶在民间的生命力更来自它复杂多变的口味和层出不穷的概念。对于那些喜欢追根溯源的人，普洱茶也携带了大量的信息款款而来。

如今创造了极高的品牌价值、带来了巨大商业价值和文化价值的普洱茶，是一种古老的新事物，它一部分来自历史，一部分产生于当下。普洱茶在中国茶叶版图中的形象，与云南省在中国历史版图中的地位是相似的。云南文化有多丰富，普洱茶的历史就有多迷人，这里既是边缘，又是中心；既传统，又开放；既封闭，又包容。要了解普洱茶究竟是什么茶，最好的方式就是从喝普洱茶开始。

·生与熟，快与慢

　　在了解普洱茶的命名和定义之后，你要面对的第二个问题就是生茶和熟茶该如何区分。在汉语使用习惯中，"生"与"熟"是对立的。日常生活经验告诉我们，"生"的东西，要"熟"了才能吃。在人类学家的世界里，生／熟、熟／烂、煮／熏都是人类食物代码的重要特征，每一种划分的背后，都隐藏着大量的文化信息。

　　在普洱茶的世界，"生"与"熟"并不是完全对立的，二者的起点都是已经初制完成的云南大叶种晒青茶。不论制成的是生茶或是熟茶，都是可以直接品饮的茶。

　　普洱茶（生茶）的工艺流程是：晒青茶精制—蒸压成型—干燥—包装。

　　普洱茶（熟茶）散茶的工艺流程是：晒青茶后发酵—

干燥—精制—包装。

普洱茶（熟茶）紧压茶的工艺流程是：普洱茶（熟茶）散茶精制—蒸压成型—干燥—包装。

生茶的生命旅程，紧压成型之后就慢慢开启，而熟茶则会经过固态发酵渥堆，在微生物作用、湿热作用和酶的作用下，快速变"熟"。

刚加工完成的普洱生茶外观是偏绿色的，闻起来清香，喝下去清爽。随着储存年份的增加，茶的外观会从黄绿转金黄转琥珀再转红，香气也会从清香转木质香，口感会从清爽变为醇厚。没有经过人工快速发酵渥堆的生茶，会陈化，会形成类似于熟茶的汤色口感，但是不会变成熟茶，只会

◎ 普洱熟茶与普洱生茶汤色对比

◎ 苏州本色美术馆里的茶空间

成为"老生茶"。

刚加工完成的普洱熟茶外观为红褐色，闻起来有淡淡的木质香和甜香，喝下去没有苦涩味，滋味甜醇。随着储存年份的增加，熟茶的汤色会越来越红亮，口感也越来越软糯黏稠。陈年的普洱熟茶带有浓郁的陈香，口感顺滑。

以上两段话之所以都要用"刚加工完成"进行限定，是因为普洱茶的品质特征会随着存放时间、环境而发生改变。这种过程，被称为"陈化"。这个现象，在酒类、火腿等发酵食品中也普遍存在。因为在储存中茶叶品质会发生变化，因此普洱茶也被称为一种有生命的茶。不管是生是熟，是新是老，普洱茶在每个阶段都会呈现出不同的魅力，也正因为有这种变化过程，普洱茶令无数人着迷。

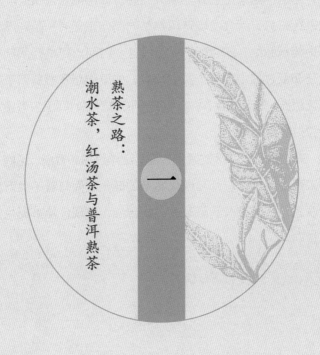

熟茶之路：
潮水茶，红汤茶与普洱熟茶

一

云南现代人工发酵普洱茶出现的时间是 20 世纪 70 年代，但这种制茶工艺并非从天而降。如果你对云南茶叶历史进行研究，就会发现普洱熟茶的制作工艺有一条隐藏的历史传承脉络，20 世纪 70 年代这个时间点只是云南制茶工艺演变过程中的一个重要节点。如果你想了解普洱茶的工艺源流，站远一点，将其放到更长的历史时间里去考量，会看得更清楚。

　　无论是远销藏区的紧茶，还是漂洋过海到香港、越南、马来西亚的圆茶，都与现代熟茶的诞生之间有着千丝万缕的联系。红汤茶及其陈茶的品饮传统，是现代熟茶诞生的味觉向导。

◎ 诱人的红汤茶

· 原产地的红汤茶

　　云南是一个产茶大省，澜沧江一带被认为是世界茶树起源的中心地带。澜沧江两岸的布朗族、哈尼族、德昂族、傣族、拉祜族等都是云南较早种茶的少数民族，他们都有自成一套的茶习俗与茶文化，凉拌茶、腌茶、烤茶在茶山上随处可见。现代社会的茶水分离和冲泡艺术，是最近 20

◎ 云南的村庄、稻田和山上的茶园

年才逐渐出现在云南茶山的。要理解普洱茶的前世今生，就要先了解孕育它的这片土地。

位于西南边疆的云南，山地多，平地少，与浙江、福建和安徽等传统茶叶产区相比，云南茶的优势不在交通，也不在于精致。茶叶是许多云南山区百姓赖以生存的经济作物，但云南茶想要从自饮品变成一种商品，比其他茶区要面临更多的挑战。如何有效因地制宜、控制成本并维持长期稳定的收益，是经营云南茶叶首先要面临的问题。

云南的传统茶区大多在山区，茶农主要为当地的少数民族同胞。茶农只能完成茶叶的种植和初步加工，这之后，就需要靠茶帮、茶行和物流（过去主要靠马帮）等多方协作，才能让云南茶在崇山峻岭中流动起来。

采摘鲜叶—摊晾—杀青—揉捻—日晒的制作工艺靠个体就可以完成，但这并不是一个好的"产品"。首先是运输不便、保存不便，其次是晒青散茶竞争力有限，销售市场狭小。云南茶的外销之路，需要另一种方式，最根本的解决方法就是从工艺层面进行突破。

先人们一定是经过多年的摸索与探讨，最后才找到了一种适合云南茶叶的加工方式，这种方式就是对茶叶进行拼配、潮水、发酵、紧压之后再去进行长途贸易。用这种工艺生产加工的茶叶，不仅滋味有特色，还适合长途运输、长久保存，而且在加工的过程中还把茶的嫩芽、老叶都充分利用，比起

◎ 采茶人在采茶　　　　　　　　　　　◎ 刚采摘下来的鲜叶

◎ 炒制揉捻之后，用日光干燥

绿茶区单独采芽尖制茶的单位产出要高许多。茶叶是一个劳动密集型的产业,这种采摘和制作方式,是云南茶区的地理位置、人口密度、经济文化发展状况所决定的。

云南茶业的产业规模大约在明代逐步形成,明代的云南人已经会蒸压制作团茶了。关于云南茶的制茶工艺,记录得比较详细的是民国年间的一些资料。1939年,傣学大家、实业家李拂一先生(1901—2010)记载了勐海地区的茶叶制作方法:

土民及茶农将茶叶采下,入釜炒使凋萎,取出竹席上反复搓揉成条,晒干或晾干即得,是为初制茶。或零星担入市场售卖,或分别品质装入竹篮。入篮须得湿以少许水分,以防斋脆。竹篮四周,范以大竹箨(tuò,俗称饭笋叶)。一人立篮外,逐次加茶,以拳或棒捣压使其尽之紧密,是为"筑茶",然后分口堆存,任其发酵,任其蒸发自行干燥。所以遵绿茶方法制造之普洱茶叶,其结果反变为不规则发酵之暗褐色红茶矣。此项初制之茶叶,通称曰"散茶"。

制造商收集"散茶",分别品质,再加工制为"圆茶"、"砖茶"及"紧茶"。另行包装一过,然后输送出口,是为再制茶。[1]

[1] 中国人民政治协商会议云南省勐海县委员会文史资料委员会.勐海文史资料(第1集)[C].西双版纳报社印刷厂,1990:99.

◎民国年间制茶工艺图，翻拍自黄晃《中国
热带植物第一编》，商务印书馆，1940年

上面这段史料中提到，茶叶初制完成之后，要先洒水，以竹筐为容器，在竹筐里把茶叶一层层地紧压。这样做，一方面是为了方便运输，另一方面是为了茶叶进一步发酵。这样一来，云南晒青工艺的茶的外形和滋味都和绿茶有所区别。

除了初制和运输过程中的洒水之外，精制环节的加工则更为复杂。传统上，佛海（今勐海）地区圆茶、砖茶和紧茶的加工，都要蒸压成型。紧茶是心脏形状的，除了散茶阶段的发酵，在制作过程中还要进行两次再发酵。

初制阶段，一般是以家庭为单位进行加工。到了精制阶段，则需要一个专业团队进行分工合作。据李拂一回忆，民国二十五年（1936 年），勐海有茶庄 22 家，茶灶 37 盘。现在的人要理解"盘"这个单位，需要花点时间。每盘灶一般有制茶师（一般称揉茶师）4 人，拣茶师 3 ~ 4 人，剁茶工 1 人，秤茶工 1 人，包装工 1 人，扫笋叶毛工 1 ~ 2 人，打杂工 1 人，再加上厨师，这样算来，至少需要 13 个人。1940 年勐海的紧茶加工量是 4.2 万担（一担是 100 斤）。

很多不了解云南茶叶加工历史的人会觉得云南茶的加工工艺很简单，其实不然。为什么需要这么多人？我们来看看紧茶的加工流程：

紧茶以粗茶包在中心曰"底茶"；二水茶包于底茶之外曰"二盖"；黑条者再包于二盖之外曰"高品"。如制圆茶一般，将各色品质，按一定之层次同时装入一小铜甑中蒸之，俟其柔软，倾入紧茶布袋，由袋口逐渐收紧，同时就坐凳边沿照同一之方向轮转而紧揉之，使成一心脏形茶团，是为"紧茶"。"底茶"叶大质粗，须剁为碎片；"高品"须先一日湿以相当之水分曰"潮茶"，经过一夜，于是再行发酵，成团之后，因水分尚多，又发酵一次，是为第三次之发酵，数日之后，表里皆发生一种黄霉。藏人自言黄霉之茶最佳。天下之事，往往不可一概而论的：印度茶业总会，曾多方仿制，皆不成功，未获藏人之欢迎，这或者即是"紧茶"之所以为"紧茶"之惟一秘诀也。[1]

上面这段材料，包含了很多信息，解释了紧茶为什么要发酵、藏区为什么喜欢云南茶以及印度茶为什么在藏区行不通等等，这一切，都与原料、工艺密切相关。黑条[2]的处理方式值得我们特别注意：黑条在揉压成型之前一日要先用潮水发酵一夜，成团之后，还要再发酵一次，数日之后，表里皆发生一种黄霉。这里的发酵不是随便洒洒水，

---

[1] 中国人民政治协商会议云南省勐海县委员会文史资料委员会.勐海文史资料（第1集）
[C]. 西双版纳报社印刷厂，1990:100.
[2] 黑条，指的是头春茶之后所产的春茶，色泽黑润，质重味浓。

而是要表里都"发霉"，可见发酵程度已经很深了。这种茶主要销往西藏，少数销往尼泊尔、不丹、锡金，一年可销16000担。紧茶是民国年间佛海茶外销的最大宗商品。勐海所产的茶，少部分制成圆茶，一部分散茶进行销售，其余多制成紧茶销往西藏。

李拂一在总结佛海茶叶的文章中说道："佛海一带所产茶叶，品质优良，气味浓厚，而制法最称窳败，不规则之多次发酵，仅就色泽一项而论，由绿而红以至暗褐，印度之仿制无成，或以此耶。""窳（yǔ）败"字面意思是腐败，有可能指的是茶叶在三次发酵过程中的腐败；另一层意思，也可能是形容制作方法比较陈旧。历史上云南茶的制作工艺就涉及了不同茶叶的拼配以及发酵，这些工艺，都是现代普洱茶诞生时所携带的技术基因。

谭方之在《滇茶藏销》（1944 年）中也有很详细的记载：

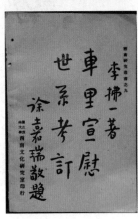

◎李拂一先生及其专著《车里宣慰世系考订》（1947 年）

◎发酵中冒着热气的茶叶

初制之法，将鲜叶采回后，支铁锅于场院中，举火至锅微红，每次投茶五六斤入锅，用竹木棍翻搅匀和。约十数分钟至二十分钟，叶身皱软，以旧衣或破布袋包之，而置诸簟上搓揉，至液汁流出粘腻成条为止。抖散铺晒一二日，干至七八成即可待沽。

茶叶揉制前，雇汉夷妇女，将茶中枝梗老叶用手工拣出，粗老茶片经剁碎后，用作底茶。捡好之"高品""梭边"，需分别湿以百分之三十三水，堆于屋隅，使其发酵。底茶不能潮水，否则揉成晒干后，内部发黑，不堪食用。

上蒸前，秤"底茶"（干）三两，"二介""黑条"（潮）亦各三两，先将底茶入铜甑，其次二介，黑条最上，后加商标，再加黑条少许，送甑于蒸锅孔上，锅内盛水，煮达沸点。约蒸十秒钟后，将布袋套甑上，倾茶入袋，提袋震抖二三下，使底茶滑入中心，细茶包于最外，用力捏紧袋腰，自袋底向上，推揉压成心脏形。经半小时，将袋解下，以揉就之茶团堆积楼上，须经四十日，因气候潮湿，更兼黑条二介已受水湿，茶中发生 Lipase 类之酵素，而行发酵，俗称发汗。[1]

谭方之的这段材料中进一步提到，炒完、蒸压、揉捻成团的茶要在楼上堆积 40 天，让它发酵，因为气候潮湿，

[1] 谭方之 . 滇茶藏销 [J]. 边政公论，1944(11).

再加上黑条和二介本身的含水量，茶开始发酵，俗称发汗茶。文章中的"lipase"指的是胰脂酶，这是一个现在已经过时的专业术语，但谭方之在民国年间就提到这个概念，已经很前沿了。在农村生活过的人应该都有类似的经验，潮湿的麦秆、稻谷堆在一起会自然发热，带有水分的茶叶堆在一起也如此，把手放到茶堆中间，会有湿热的感觉。"发汗茶"的说法应该是借用了中药加工的说法，在中药加工过程中，已有发汗之说，厚朴、杜仲、玄参等药材在加工过程中用微火烘至半干或微煮、蒸后，堆置起来发热，使其内部水分往外溢，变软、变色，增加香味或减少刺激性，有利于干燥。制茶与制药的理念，就这样奇妙地相遇了。

从简单加工的晒青茶，到复杂的拼配和发酵，都是云南茶的不同表达，每一种表达背后，都回应了不同的需求，也塑造出了不同的生活。

·销区的陈茶之美

每个人都活在自己的味道世界里，这个世界在童年初期就形成了，并伴随着生命的进程而演变。每个人的味道世界，是由古老的演化规则与伴随终生的高能量食物、文化熏陶与商业信息产生冲击所创造的。

——（美）约翰·麦奎德《品尝的科学》

在不少人眼中，中国茶和绿茶是可以画上等号的。过去我们嘲笑欧洲人以为绿茶和红茶不一样是因为长在不同的树上。其实没什么可嘲笑的。前几年还有同胞问我，红茶不是英国的特产吗？怎么中国也有红茶？不得不说，除了绿茶之外，我们对中国其他茶类的了解是比较有限的。

中国疆域广袤，各地生活方式和风俗习惯迥异。喝茶这件事，在不同的地区有不同的演绎。在江南，喝茶喝的

◎ 绿茶与普洱熟茶外形以及汤色对比

是一杯翠绿的诗意；在云南，喝茶喝的是大叶种的粗犷；在藏区，喝茶是热量和蔬菜的补充；在岭南，喝茶喝的是工夫。各地不同的饮茶方式，是器物、制度和观念层面共同形成的文化。

在澜沧江两岸的普洱茶主产区，晒青茶是当地人喝茶的首选。抓一把散茶，喝之前烤一烤，小茶壶一煮，茶香四溢，浓烈回甘。茶农从自家茶园里采摘下来进行加工饮用，是一种自给自足的状态。那些需要复杂工艺加工的潮水茶，是一种适合贩卖的商品，它的知音在远方。这些茶在产区加工之后，就随马帮踏上了漫漫的茶马古道，到达那些热爱着红汤茶的远方。我们已经说不清楚，是先有红汤茶，还是先有远方的喝茶人。

　　藏区喝茶主要是调饮，用发酵过的紧茶制作酥油茶、奶茶等等。过去藏区不产茶，但是有饮茶的需求。大约是从唐代以来，藏区就开始形成了喝茶的习惯。在成都、广东等地，喝茶营造出了市民文化和休闲文化。在藏区，对

◎奶茶是西藏茶馆的主角，可甜可咸

茶的需求更多体现在功能上，作为藏区生存环境和饮食习惯的有效补充。云南大叶种茶叶的芽、叶、梗紧压在一起，经发酵之后，味道浓郁，消食效果好，还便于携带保存，满足了藏区人的需求。普洱茶在藏区的功能，在许多文献中都有记载。方以智（1611—1671 年）在《物理小识》中记载："普洱蒸之成团，西蕃市之，最能化物。"赵学敏《本草纲目拾遗》卷六"普洱茶"也说："（普洱茶）味苦性刻，解油腻牛羊毒，虚人禁用。苦涩，逐痰下气，刮肠通泄。"云南紧茶价格实惠，味道浓郁，经得起长途运输，和奶制品结合之后，就是一杯藏区人最爱的酥油茶。

除了西藏这条线，云南紧压发酵茶的销路还有一条南下的路线——香港、南洋这条线路。云南茶南下之后，又创造出了另一种生活方式。南洋是一个地理概念，也是一个文化概念。从地理区划来看，南洋指的是马来西亚、新加坡、印度尼西亚一带。南洋的华人，祖籍以福建和广东两省居多。与乌龙茶和绿茶相比，普洱茶更适合运输和保存，香港以及南洋一带喝普洱茶的人，不用它来调饮，而是清饮。这一带的自然环境与藏区完全不一样，低海拔、潮湿、闷热，喝陈茶不仅能解渴，而且还能让人出汗散热，所以越陈越香的普洱茶成为人们的日常所需。

香港荣记茶庄总经理吴树荣先生曾写过一篇《普洱茶漫谈》，文章中提道：初制成功的普洱毛青，其浓峻的韵

◎越陈越香的普洱茶在香港广受欢迎

劲，锐烈而欠乏章理，及至其后经过适度时间的陈放，待其内质自然地驯化，其性韵转趋稳熟，以至其香形、味态、起和展伏，层次结构得渐呈现有序；如此乃可供品味。[1]

　　荣记茶庄的老号陈春兰茶庄创始于清代 1855 年，经营云南普洱茶的历史悠久。吴先生的这段评论，是香港人对普洱茶长久以来的期待。香港以及南洋一带喝普洱茶，要陈放，要稳熟。这种审美的形成，很容易在历史上找到对应。云南茶商马桢祥回忆了 20 世纪三四十年代的茶叶往事：

[1] 吴树荣 . 普洱茶漫谈 [J]. 农业考古，1993(4).

我们对茶叶出口一事，在抗战时期是很重视的，它给我们带来的利润不少。易武、江城所产的七子饼茶，每筒制好后约重四斤半，这种茶较好的牌子有宋元、宋聘、乾利贞等，稍次的有同庆、同兴等。在江城所加工的茶牌子较多，但质量较低，俗语叫"洗马脊背茶"，不像易武茶之质细味香。这些茶多数行销香港、越南，有一部分由香港转运到新加坡、马来亚、菲律宾等地，主要供华侨食用。也有部分茶叶行销国内，主要是新春茶。而行销港、越的多是陈茶，就是制好之后存放几年的茶，存放时间越长，味道也就越浓越香，有的茶甚至存放二三十年之久。陈茶最能解渴且能发散。香港、越南、马来亚一带气候炎热，华侨工人下班之后，常到茶楼喝一杯茶，吃吃点心，这种茶只要喝一两杯就能很好地解渴。[1]

一杯带着陈香的云南普洱茶，勾勒出了百年前香港市民、南洋华侨的日常生活图景。对于他们而言，喝茶可以解渴、解乏、散热，给生活增添一点滋味，对于南洋的华人而言，这杯热气腾腾的茶汤，或许还寄托了对遥远故乡的想念。对于非产茶区的饮茶人而言，喝茶首先是一种消费行为，与绿茶、红茶相比，普洱茶包装简单、价格实惠、

[1] 马桢祥. 泰缅经商回忆 [M]// 中国人民政治协商会议云南省委员会文史资料委员会. 云南文史资料选辑第九辑. 昆明:云南人民出版社, 1989:173.

经久耐泡的特点似乎也与香港以及南洋一带市民的节俭、务实、勤劳最为相宜。

香港当代著名美食家蔡澜就是普洱茶的爱好者，他曾多次写文章赞扬普洱茶：

普洱已成为中国香港的文化，爱喝茶的人，到了欧美，数日不接触普洱，浑身不舒服。我每次出门，必备普洱。吃完来一杯，什么鬼佬垃圾餐都能接受。移民到外国的人，怀念起中国香港，普洱好像是他们的亲人。[1]

许多人对中国茶的认知还仅仅局限于绿茶的鲜嫩，对陈茶的韵味并不了解。除了陈茶消费区百姓的观点，学院派对陈茶也有一套理论。1991 年，陈橼就在其主编的《茶叶商品学》里讨论了关于茶叶"越陈越好"的问题。

茶叶陈化是后熟作用的继续，也是茶叶内含化学成分的氧化过程，由量变到质变，茶叶品质由一种类型向另一种类型转化。有的认为茶叶内质在一定程度上向坏的方向变化称之"陈化"。

有的甚至将陈化作为"劣变"开始，或称之"变质"开始，

[1] 蔡澜 . 人生贵适意——蔡澜旅行食记 [M]. 武汉：长江文艺出版社，2018:190.

这种提法不妥当。商品茶与食品一样的，发生了变质、劣变就失去食用价值。红、绿茶陈化，其经济价值和饮用价值降低，但还能饮用。我国供中药配伍的茶叶均用陈茶，新茶叶反而不能用。我国茶区也有不饮用新茶的习惯。有的茶叶陈化倒成了它的品质向优质转化的过程。如六堡茶、普洱茶等其品质是"越陈越好"。茶叶陈化不能称它为劣变、变质。关于茶叶越陈价值越高，其原因要从药理方面去研究。[1]

这段材料中提到陈茶的"药理作用"，是陈茶消费区的人们早已认知到的价值。茶不是药，但是科学饮茶对身体是有好处的，解乏、散热、提神、愉悦心情，这都是喝茶带来的好处。与那些有陈年能力的好酒一般，云南普洱茶的陈年能力在很早便被饮茶人发现了。

喝什么茶、怎么喝茶以及何时喝茶，从来都不是一件简单的事情。大历史的小细节，往往就隐藏在日常的茶杯之中。茶叶的贸易、品饮，体现了一个时代经济、交通和文化的发展。从云南到香港、南洋，茶客对茶的喜好发生了巨大的转变。陈茶之美，先天基因是云南大叶种的品质和工艺，当先天的基因与后天环境碰撞、融合之后，就形成了一种代代相传的品饮习惯，在这其中，茶叶品种、制

[1] 陈椽 . 茶叶商品学 [M]. 合肥：中国科学技术大学出版社，1991:136.

茶工艺和饮茶文化缺一不可。

在绿茶的鲜爽之外，普洱茶开创了中国茶的另一种审美。这种审美的诞生与延续，由多股力量共同促成，产区和销区的商贸往来，促使产区的制茶人去了解并不断完善这种工艺，去一点点揭开普洱茶陈化的奥秘。

· 港式红汤茶

　　在历史上，普洱茶的陈香，除了云南大叶种丰富的内含物质、云南特殊的制茶工艺之外，也离不开普洱茶特殊的运输条件和储存方式。云南历史上交通梗阻，运输多靠人背马驮，效率极低。普洱茶从产地或集散地区运至销地，少则十天半月，多则三四个月乃至半年一载。历史上普洱茶的后发酵作用（后熟作用或陈化作用），是在加工和运输中逐渐形成的。

　　香港以及南洋各地，是普洱陈茶的主要消费地。1949年以后，中国茶叶实行统购统销，一些个体商人纷纷向海外发展。在云南经商的同兴号老板袁寿山于1950年到达澳门，在英记茶庄讲了一些国内茶叶商人的现状，准备前往香港发展，特来英记茶庄借钱。同时茶商鸿华从南洋传来的消息说，那边茶饼很吃紧，像宋聘号、敬昌号、同庆号等，更是有价无市。随着时局变化，传统的茶叶产业模式也随之发生了转变。

《云南省茶叶进出口公司志1938—1990年》的数量统计中，云南省在1950—1967年的普洱茶加工数量为零，直到1973年以后数量才逐步起来。[1] 供应不上，但需求还在，于是有意思的事情就开始酝酿发生。此时，以卢铸勋（1927—）为代表的香港茶人，走上了仿制茶道路。他先后仿制了宋聘号、同庆号、姑娘茶等在香港市场很受欢迎的云南茶。

红茶在当时的香港市场很抢手，卢铸勋在香港不仅仿制云南饼茶，同时也在研发红茶，在这个过程中，却无意做出了另一种红汤茶。

卢铸勋用十斤茶加两斤水，用麻袋覆盖使其发热到75度，经数次反堆转红，再用火力焙干，这样加工出来的茶叶泡了之后，汤色、叶底与红茶一样，只是没有红茶的清香风味。卢铸勋实验过各种方法，但是仍旧做不出红茶。于是他再将十斤青茶加水发酵转红至七成干，放入仓库六十天后取出，这次，泡出来的茶汤色呈深褐色，比蒸制的旧茶颜色更深，茶味也更淡，茶汤色深褐明净，口感不错，每担可以卖到320元。当时的青毛茶原料价格，上级的每

---

[1]魏谋城.云南省茶叶进出口公司志1938—1990年[M].昆明：云南人民出版社，1993:120—121.

担可以卖到 110 ~ 120 元，下级的每担可以买到 70 ~ 75 元。卢铸勋做出这种红汤茶的秘诀是：每担云南茶青加水 20 斤发热至 75 度，翻堆数次，茶约七成干，装包入仓即可。

卢铸勋后来把这门发酵技术传授给曾启，曾启之后到广州加入中茶分公司做茶叶发酵师傅，广州中茶分公司也在探索广东的普洱茶发酵之路。20 世纪 60 年代，卢铸勋曾到过泰国，向当地茶厂传授普洱茶的发酵技术。自此，泰国也开始了普洱茶的发酵。今天，泰国依旧按照卢铸勋教授的技术生产普洱茶。

2007 年，香港茶界著名的茶文化研究者王汉坚先生作有《卢铸勋》诗一首，诗云：藏缺紧茶四张罗，卢铸灵巧占商机。新法速效催陈韵，熟饼溯本是长州。义助南天成大业，印支佳茗集香江。年过古稀雄心在，记述曾经享后人。[1]

凡此过往，皆为序章。那些不断尝试着发酵茶叶的制茶人，那些分布在世界各地追寻着这种滋味的人，都为现代熟茶的诞生埋下了伏笔。

---

[1] 长洲指的是香港长洲；南天指的是香港南天茶叶公司。

·广东与昆明的现代熟茶之路

　　1955 年开始，受国内茶叶产销形式的影响，广东省茶叶进出口公司着手研究普洱茶的加工方法，地点在广州市芳村大冲口茶厂。经他们多方研制，20 世纪 60 年代，形成了广东普洱茶的技术风格，并受到了香港红汤茶工艺的影响。1970 年为扩大普洱茶生产，在广州市海珠区新建广州二冲口茶厂（今海印桥南，后改为广东茶叶进出口公司第二茶厂，现为海印茶叶市场），利用渥堆发酵技术大规模生产普洱茶，包括生产广东饼茶（广云贡饼），销售到港、澳、台及东南亚等地区。当时的广东发酵普洱茶，无论原料储备还是成品销售上都有很大的优势，广东用来发酵普洱茶的原料，有云南的大叶种，也有其他地方的中小叶种。广东的普洱茶出口量由 1955 年的零吨增至

1983 年的 3858 吨。[1]

与交通便利、商贸发达的广东不一样。新中国成立之初,云南茶正面临着交通、技术、人才、政策等多方面的困难。1949 年之后,云南的潮水茶、紧茶和圆茶是否还在继续生产呢?

1949 年以后,国家对茶叶实行"中央掌握,地方保管,统筹分配,合理使用"的政策。中国茶叶总公司确定茶叶销售以"扩大苏销、新销,掌握边销,调剂内销"为原则。云南茶没有自主出口权,晒青毛料需要调拨给其他茶区,生产的圆茶、紧茶等统一服从中央调拨。

根据普洱茶研究者杨凯的引述,勐海茶厂厂长唐庆阳(1916—1994 年) 在 1957 年谈到发酵茶制作:"解放以来,西双版纳茶厂打破过去雨季中不能加工的做法,提前在三季度雨季中生产侨销圆茶。经过一定温湿度人为技术管理,不但控制霉菌生长,而且仍然保持圆茶后发酵滋味醇厚的特点,以适应消费者口味的要求,并加速了产品出厂。"

同期销区的反应却说,云南流出来的茶,没有之前的发酵得好。比如西藏人就先后诉苦说,新到的未发酵的普洱茶,他们喝不习惯,有些人喝了甚至出现腹泻、头晕的现象。我们可以推测,1949 以后云南仍在制作潮水发酵茶,

---

[1] 张成,桂埔芳. 广东普洱 [M]. 香港 : 中国文艺出版社,2006.

但在部分销区看来，发酵没有之前的好，绝大多数是发酵程度不足导致的。

为什么会这样呢？表层的原因是技术问题，深层原因是社会结构和社会分工改变带来的影响。在民国年间，进行紧茶和圆茶加工的都是私营商号。1953—1956 年三大改造完成，私营茶庄和老字号都已经不复存在，需要潮水紧压发酵的边销茶、侨销茶的加工、销售和流通环境都发生了巨大的改变。云南距离销区遥远，云南及其周边都没有品饮发酵紧压茶的习惯和需求，当销区的订单中断，生产便会停止，随之而来，工艺也会慢慢消失。云南茶区山高路远，社会发展相对匮乏，发酵紧压茶制作工序比较复杂，不是一个家庭作坊可以完成的，当没有茶庄、企业经销的时候，就很难再组织起专业化且分工明确的队伍进行茶叶精制。

云南现代人工发酵熟茶，在 20 世纪 70 年代出现并不是巧合，这是社会分工和经济发展的必然结果。大堆发酵熟茶，首先要积攒大量的茶叶，其次要有成熟的发酵技术和畅通的销路，需要多方统筹协作，而且风险和利益同在，非个人能够担当。

1973 年，云南中茶公司取得了自主出口权，当年出口普洱茶 204 担（一担 100 斤），创汇 1.63 万美元。在广州交易会上，到广州参展的云南中茶公司工作人员得到一个信息，发酵红汤普洱茶在香港还有很大的市场，仅仅靠广东以及香港自身的供给，还远远不够。发酵普洱茶，云南的原料优势首屈一指。在巨大的商业利益面前，云南茶人决定抓住这个机会。

云南有发酵紧压茶的传统，但无论是规模还是工艺都有点"过时"了。一方面，工艺和人才断层，潮水茶的工艺不如以往；另一方面，过去普洱茶从产地到销区要数月甚至更长的运输时间，而现在只要几天或几个小时就可到达销地，按照以前的发酵程度来做，陈化效果不够。因此，要保持普洱茶独特的色、香、味就必须设法采用当代的办法来进行制造。当代的要求就是要大规模，要快速，要够陈。

现代普洱茶发酵工艺的产生与变革，是一场与时间的博弈。木心在诗歌中写道："从前的日色变得慢，车，马，邮件都慢，一生只够爱一个人。"那些年，处于时代变革中的喝茶人或许也会感叹，过去的茶马古道慢，轮船慢，一买到茶就陈香四溢。现在车马快了，飞机、轮船快了，茶却没那么陈、那么香了。车马邮件都快了，但人们对越陈越香的需求还在，所以只能通过改变工艺，把陈化浓缩在较短的时间内，从慢到快，是一种必然。

当时掌握大堆普洱茶发酵技术的是广东进出口公司，1974 年，云南中茶公司派出昆明茶厂、勐海茶厂以及下关茶厂的 7 名工作人员去广州学习熟茶发酵技术。当时前往广州学习的有昆明茶厂的吴启英，勐海茶厂的邹炳良、曹振兴等人。据邹炳良先生回忆，他们当年在广州，只是看到广州的技术人员把茶叶堆成一个大堆子，然后往上面洒水，当时也没学到具体的操作参数，从这些简单的操作中也看不出什么玄机。

熟茶发酵是一项很复杂的食品工程，对原料、水分、温湿度、微生物的把握都有十分微妙的要求。云南茶人从广州回来之后，就开始反复地试验，大堆、小堆、竹筐、离地这些发酵方式都试了个遍。广州发酵用的是温水，最后昆明茶厂选择用冷水发酵，根据茶叶的原料、发酵地的温湿度反复试验，一年后取得突破性进展，第一批产品发酵成功之后成功打入香港市场，卖了 10.2 吨。发酵是否过关，得销区消费者说了算。1974 年广州交易会又成交 12.37 吨。

1975 年，勐海茶厂与下关茶厂相继推出发酵茶，延续至今。逐渐的，昆明茶厂、勐海茶厂、下关茶厂都根据当地的原料、天气、水分等条件对熟茶发酵工艺进行调整，制作出了具有当地风格，且能被销区消费者接受的熟茶。

1979 年，在中茶云南公司的一份会议记录里，谈到了要保证云南普洱茶"越陈越香"的品质，需要提升新工艺茶，也就是云南熟茶（后发酵茶）的魅力。这是来自销区的意见。我们可以看到当时的市场要求普洱茶不仅要买的时候有陈香，而且还要经得起储存，越陈越香。这再次验证了对普

◎《云南省茶叶进出口公司志 1938—1990年》，
出版于1993年

洱茶越陈越香的要求是熟茶发酵的核心追求。

1979年，《云南普洱茶制造工艺试行办法》在全省国营茶厂推行，为云南发酵普洱茶的推广提供了理论依据和技术指标。在这个试行办法中，有一句话特别值得注意："为克服我省普洱茶新的缺点"，包装成件后的茶叶要求"存放在仓库内一段时间（最好有两三个月的储运时间）再调运"。从这句话可以看出，当时云南的发酵普洱茶与广东的相比，还是不够"旧"。"旧"还是"新"不是厂家说了算，是出钱买茶的销区消费者说了算。

"1973 年起，昆明茶厂采取速成发酵的办法来形成普洱茶品质的目的。但只是'看茶做茶'，凭老经验办事，工艺掌握缺乏科学性，对发酵中茶叶生化成分的变化，知之不详。"[1] 为了解决这个问题，云南省开始了普洱茶发酵工艺及设备的改革试验。1983 年，这个研究课题经省科委列入科技试验项目并拨款，是一个技术保密项目，由省茶司委托云南省微生物研究所实施，昆明茶厂配合。

1984 年，全国茶叶市场全面放开，云南普洱茶迎来了巨大的发展机会。1985 年，普洱茶发酵工艺及设备的改革试验项目获得云南省科技进步三等奖。同年，云南普洱熟茶销售到港澳数量猛增至 1560 吨，之后数年一直维持在 1000 吨左右。随着工艺的成熟和市场的扩大，云南普洱茶香飘国内外，成为众多国家和地区茶友所热爱的饮品。

熟茶工艺从萌芽开始，经历了无数人的探索。工艺定型之前，有一代代制茶人的用心研究；工艺定型之后，也不乏后来者希望用新技术进行尝试，得到更与众不同的滋味。工艺和滋味的背后，不仅是茶的变化，还会看到历史深处的人潮涌动与世事变迁。

从产区手工作坊的潮水茶，到茶马古道运输过程中的

---

[1] 魏谋城.云南省茶叶进出口公司志 1938—1990 年 [M]. 昆明：云南人民出版社，1993:129.

缓慢发酵，再到现代厂房里成吨的快速发酵，普洱茶工艺的变迁中，折射出的是中国现代化的发展过程。如果没有现代交通和现代商贸的驱动，现代熟茶发酵工艺会诞生吗？如果没有这 40 年来社会经济的发展以及中国人对健康需求的提升，熟茶在国内的品饮基数会扩大吗？一杯茶汤，牵动的是每一个时代的生活节奏。

当下，你手中的这杯熟茶，是一杯充盈着时代精神的健康饮品。

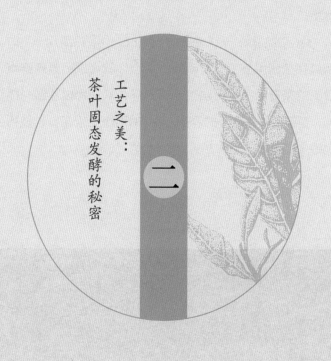

工艺之美：
茶叶固态发酵的秘密

二

当你走入中国茶的世界，你会惊叹先人的想象力和创造力，一片绿叶，经制茶人之手，幻化出了千滋百味，绿茶的鲜爽、红茶的香甜、黄茶的细腻、白茶的清新、青茶的馥郁、普洱的醇厚，每一种滋味都给我们带来了不同的体验。

　　绿茶的制作，从采摘鲜叶到完成制作，只需几个小时。清晨在茶园里摘下一片嫩叶，晚上你就可以品尝到鲜爽、香甜的茶汤滋味。而熟茶却不一样，从一片树叶到一杯红汤，要经历长达数月的等待。熟茶制作工艺，是一种技巧，也是一门艺术。

◎ 正在发酵的熟茶，安静的茶叶堆子下面，美味正在酝酿

·传统发酵工艺简介

　　云南从 1973 年开始进行现代人工发酵普洱茶，受制于当时的贸易体制和经济发展，最初只有几家国营大厂可以进行熟茶发酵。随之而来的，是关于普洱茶加工工艺的保密问题。

　　1980 年，云南省外贸局下发了《关于云南普洱茶加工工艺列为保密范围的通知》，普洱茶发酵工艺被认为是商业机密，很多技术参数都不对外公布。1988 年 11 月，云南省保密委员会发布了《关于普洱茶加工保密问题的规定》，指出：各茶叶科研、教学单位和个人、普洱茶加工工厂，不得对国外提供普洱茶制作加工技术情况，不得在报刊、电台、电视台公开发表或播放有关普洱茶加工技术或发酵工艺诀窍的文章资料或报道。接待和馈赠只能用商品茶，不得用毛茶原料。20 世纪 70—80 年代，是云南现代普洱茶的起步阶段，需要稳定质量、稳定产出，获得销区市场的肯定，对工艺的保密，是市场竞争中的一项策略。

20世纪90年代以后，随着云南人工发酵普洱茶工艺的日臻完善、中国茶叶贸易体制的深化改革以及民营经济的飞速发展，参与熟茶发酵的厂家不仅仅是国营大厂，掌握发酵工艺的技师也越来越多，私营经济开始进入熟茶发酵领域。显微镜下，科研单位对熟茶工艺研究也越来越深入，人们对参与普洱茶发酵的微生物也有了更深的了解。如今，政府对普洱茶工艺的保密要求有所松弛，但是也很少有厂家会把自己的发酵工艺对外公布，几乎每个茶厂都有自己的保密条款。

◎ 传统普洱茶发酵车间，地面的咖啡色是茶叶留下的痕迹

基于工艺的复杂性和诸多细节，我们在这里无法还原所有的技术参数，只能简单介绍传统大堆发酵的工艺流程，书中的工艺流程与实际操作并不完全一致，仅供参考。

　　传统发酵熟茶的初制工艺可以拆解为：毛茶付制、潮水、堆茶、翻堆、开沟、静养几个步骤。发酵的过程，需要发酵师傅全程细心呵护，关于发酵的诀窍，很多发酵师都有相同的答案，那就是用心。

　　毛茶付制：发酵的原料为云南大叶种晒青毛茶，发酵开始前要将发酵的原料进行分筛，去除杂质。传统的发酵工艺一般要求原料的老嫩基本一致，一些大厂会采用分级发酵，同级别或相近级别的原料在同一堆子发酵，可以让

◎ 传统发酵车间一角，整齐地排列着各种工具

发酵管理更加便利。传统发酵的堆子，大多数10吨起计。

潮水：潮水是熟茶发酵过程的重要环节。一般来讲，潮水量会在30%～40%之间。但数值不是绝对的，发酵师会根据季节的干湿度和茶叶的老嫩进行操作，而且不同的发酵师也有不同的操作习惯。对潮水量的掌握十分关键，潮水不够，茶堆温度起不来，发酵进度慢，茶叶有变酸的风险；潮水过多，微生物繁殖过快，茶堆会出现异杂味以及有茶叶变烂的风险。洒水要均匀，最好是分层加水，最理想的洒水方式是使水成为雨雾状。加水结束后，茶与水要搅拌均匀。

堆茶：将茶叶堆成1～1.5米高的长方棱台形，每堆茶叶一般5～20吨，最好在

◎ 发酵原料存储

◎ 发酵前的晒青毛茶，条索舒展

◎ 给堆子洒水

◎ 发酵中的茶叶开始升温，堆子中心的温度已经达到 57.4℃

◎ 用来盖堆子的白布被染成了茶色

◎ 发酵师傅用心观察堆子，发酵过程中茶叶会板结成块，需要解块

10 吨左右。最后，要给茶堆盖上棉布，保温保湿。

潮水结束后 24 ~ 48 小时之内，茶叶堆温度会缓慢上升。可以在堆子中心放置一个温度计，观察堆温变化。通常堆温控制在 40℃ ~ 65℃之间，堆温太高会让茶叶碳化，太低则发酵过慢，茶汤滋味不佳。除了堆温，环境的温湿度也很重要，勐海的气候属于亚热带季风气候，干湿分明，雨季时环境湿度较高，一些发酵师都选择避开雨季发酵。

翻堆：在熟茶发酵的过程中，一般会进行 5 ~ 7 次翻堆。翻堆间隔在 7 天左右，但发酵师傅也会根据发酵的实际情况进行调整。温度、湿度是发酵的关键，翻堆的作用一是散热，二是在翻堆的过程中让茶叶均匀地发酵。堆子的表面、角落以及中心的温湿度是不一样的，通过翻堆，可以让茶叶在堆子不同的位置进行发酵，使同一堆子的茶叶在发酵结束时达到外形和内质的统一。

有经验的发酵师会根据堆子的气味、茶叶的颜色和微生物的生长状况来判断是否需要翻堆。发酵进行到中后期，发酵师也会从堆子里采样进行开汤审评，判断发酵是否正常，如果发酵出问题，要及时进行调整。

开沟：当茶叶颜色成为红褐色、茶堆陈香出现，开汤品鉴时茶汤滑口、无酸涩味的时候，则可判定发酵完成，可以开沟。开沟的过程中，茶的水分和热气会逐步蒸发，根据含水量的变化，进行数

◎ 工人正在给茶叶翻堆，这是一项十分辛苦的差事

◎ 经过近50天，发酵基本完成，开沟散水汽

◎ 发酵完成，茶的条索变得紧致，干茶颜色从绿色变为棕褐色

次通沟干燥，使含水量低于 14% 以下方能起堆。

静养：发酵完成的茶堆还在进行后续陈化，一般还需要堆放 3 ~ 6 个月进行静养，使茶的品质更为醇和，静养完成后进行精制，精制完成的茶饼会继续在储存的过程中陈化，提升品质。

最早进行人工发酵普洱茶的都是国营大厂，大厂的优势是原料和资金。传统发酵一般都是地板大堆发酵，一个堆子的原料价值百十万元，发酵耗时两个月左右，发酵完成后要静养半年才能进行精制，资金在将近一年的时间内无法周转，而且还存在发酵不理想的风险。因此我们常说熟茶发酵是有门槛的，这其中主要就是指资金门槛和技术门槛。

除了传统大堆发酵，现在市场上还有小筐发酵、离地发酵、菌种发酵等其他发酵方式。与传统发酵相比，小筐发酵和离地发酵虽然对茶叶数量的要求较小，但是对堆温、水分和发酵控制更具有挑战性。

菌种发酵也被称为控菌普洱茶发酵，在传统发酵的过程中，发酵师主要依靠经验进行发酵操作，而控菌普洱茶发酵则更相信数据，依靠现代微生物技术进行严格的发酵管理，控菌发酵的节点主要有以下两个：在发酵前对发酵环境进行微生物控制以及在发酵中进行菌种添加。

制茶工艺的发展变化，代表了我们对茶叶认知的不断

更新。一代代的制茶人不断对工艺进行调整和优化，每个时代，都有人尝试发酵出自己认为最理想的熟茶，这些因素，都在推动着熟茶工艺和口感的提升。

你面前的每一杯熟茶，都是工艺与时间的宝贵结晶。

·发酵的核心：微生物的世界

　　看完上一小节，你已经知道了熟茶发酵的大致流程，但是想了解普洱茶发酵的核心机密，你还必须进入微生物的世界。从晒青毛茶到固态发酵，再到后期存放，都只是为了一件事，那就是发酵。熟茶的固态发酵是一个工程，晒青毛茶是工程的"材料"，发酵师傅是工程的指挥官，微生物则是完成这个工程的主力军。英语中发酵一词fermentation是从拉丁语fervere派生而来的，原意为"翻腾"，它描述酵母作用于果汁或麦芽浸出液时的现象。随着认知的发展，人们站在不同的角度来认知发酵：从生化方面说是分子的变化，从微生物生理上来说是物质的转化和能量的代谢。

　　"发酵"这件事，在我们的传统饮食中随处可见。酸菜、腐乳、白酒、面包都属于发酵食品。酸菜、腐乳、面包等发酵食品在自家厨房就可以完成，许多家庭都已经熟练地掌握了食品发酵的秘诀。人类食用传统发酵食品的历史悠久，多采用酵母菌、霉菌和细菌等多种微生物进行固态自然发酵，带来浓郁、丰富而独特的风味。文化学者的研究显示，发酵食品最初是保存食品的一种方式，在腐败的边缘创造美味，是人类追寻美食的一次冒险。有意为之的发酵可以被视为"有控制地破坏"。[1]

食品领域的发酵我们经常接触到，但是茶叶中的发酵我们却很少谈论。在中国，茶叶多是以鲜嫩翠绿的形象出现在我们眼前，绿茶之外的茶，在国内传统消费市场是小众，而人工快速发酵的普洱茶，更是小众中的小众。

在强大的绿茶语境下，我们该如何谈论把茶叶堆砌成山，又如何解释这些成吨的茶叶在短时间内从外形到滋味的剧烈变化呢？要了解熟茶发酵的工艺，我们要走近一点。

熟茶发酵属于固态发酵，在熟茶发酵过程中，我们看不到"发酵"一词最初所指的气泡翻腾，但是我们可以感受到茶堆温度的升高，可以闻到茶叶堆子从清香到微酸到陈香的变化。我们可以看见茶叶形态的转变，也可以品尝到茶叶滋味的转变。在一堆堆看似安静的熟茶堆子中，微生物正在发生着物质转化和代谢。在上一节中，我们讲到

---

[1] 伊恩·塔特索尔，罗布·德萨勒. 葡萄酒的自然史 [M]. 重庆：重庆大学出版社，2018:45.

了熟茶发酵过程中的潮水和翻堆，这么做的原因，主要是和微生物的生长有关。早在1987年，就有学者对普洱茶发酵过程中微生物的作用进行了研究：

渥堆过程茶叶组织及细胞的变化，与微生物的活动时间呈正相关。经过近2个月来自微生物的酶解作用，最终使普洱茶达到"熟透"的程度。在渥堆结束时包括茶叶细胞与微生物体的全部水溶性物质便是普洱茶汤色香味的基础，毫无疑问，这个基础来自微生物的活动。由于微生物的呼吸代谢与物质分解产生了大量的热量使堆内的温度上升到60℃～65℃，通过翻堆，将只有30℃～40℃茶堆外围的茶叶转入堆心，而将堆心的茶叶转覆于堆面。这种温度环境的变换很重要，因为60℃左右是许多酶促反应的适宜温度，而35℃左右是微生物的适宜生长温度。茶叶在培养微生物迅速繁殖后，获得由它们产生的大量酶类，又在高温下迅速进行生化反应。如此反复多次，最后将茶叶细胞中的酶促底物作用完毕，便是结束渥堆。[1]

要理解发酵，要先了解微生物。

[1] 何国藩，林月婵，徐福祥. 广东普洱茶渥堆中细胞组织的显微变化及微生物分析 [J]. 茶叶科学，1987（2）.

微生物是我们对于一些肉眼看不见的微小生物的总称，空气里、水里、土壤里、我们的身体里，微生物无处不在。有研究表明，我们的肠道可以携带多达 2 公斤的微生物。人体本身就是一个复杂的生态系统，人体细胞和微生物相互依存。微生物只是一种客观存在，并无好坏，但是人们对微生物的存在和利用进行了利弊划分。对人类有害的微生物会带来污染和疾病，有益的微生物则可以带来健康与财富。

参与普洱茶发酵的微生物比较复杂，微生物群类也比较多。那么，参与熟茶发酵的微生物来自哪里呢？

一是茶叶本身，茶叶本身就携带着许多微生物，微生物的种类和数量还受到区域和季节等因素的影响；

二是发酵用水，井水、自来水、山泉水中都含有微生物；

三是环境，在发酵车间里的地面、空间、工具里，微生物无处不在；

四是发酵阶段，发酵技术在不同阶段的运用决定了微生物的数量和种类。

在发酵过程中，茶叶的颜色从橄榄绿变为棕褐色，条索从蓬松变得紧致卷曲，茶汤颜色从黄变红，茶汤口感从苦涩变得甘甜。我们用感官可以简单直接地概括发酵过程中茶叶的变化，但是在专家学者们的研究中，熟茶发酵的过程并不简单。

普洱茶固态发酵的实质，主要有三个方面：一是湿热作用，二是酶作用，三是微生物作用。从目前的研究来看，较为合理的表述是：普洱茶品质的形成是云南大叶种晒青原料在合适的温度、水分和氧气存在的条件下，由发酵过程中大量生长的微生物分泌的酶与茶叶发生激烈的酶促反应，特别是多酚氧化酶、水解酶促反应及其反应产物与其他相关物质的热偶联、聚合以及非酶反应等复杂的反应体系作用，从而形成普洱茶品质特征。[1]

关于普洱茶发酵过程中微生物的作用，国内外都有长期持续的研究，这本书无法深入展开，我们在这里想分享的结论就是："在发酵过程中，微生物分泌的胞外酶是生化动力，微生物热是物化动力，从而使茶叶内含物质发生了极为复杂的变化，塑造了普洱茶品质。"[2] 如果你觉得上面的解释太难理解了，那么我们来一个简单版本的解释：微生物无处不在，在发酵过程中，微生物的生存需要食物，茶叶中的糖类、氨基酸、蛋白质等就是微生物最喜欢吃的东西。微生物吃饱了之后，经生长、繁殖、代谢，会产生酶。

[1] 龚家顺，周红杰．云南普洱茶化学 [M]．昆明：云南科技出版社，2010:61.
[2] 龚家顺，周红杰．云南普洱茶化学 [M]．昆明：云南科技出版社，2010:68.

在酶的催化作用下，茶叶中茶多酚、儿茶素、茶黄素、氨基酸等成分下降，茶褐素增加，由此改变茶叶的品质、外形、滋味和口感。

微生物影响了我们身体的健康，决定了食品滋味的好坏，也决定了普洱茶的品质。周红杰教授在《云南普洱茶》一书中指出：黑曲霉、根霉和酵母这三个主要菌种是普洱茶发酵中的优势菌种。这三类优势菌种是如何影响熟茶发酵的呢？我们来认识一下。

黑曲霉：黑曲霉离我们的生活并不遥远，大多数人应该都见过它，比如洋葱表面的黑粉就是我们肉眼可见的黑曲霉。黑曲霉也存在于大量粮食、植物性产品和土壤中。在自然界中，黑曲霉可以改善土壤结构；在美食界，黑曲霉也可以发酵产生有机酸、氨基酸，产生鲜香的口感，黑曲霉在酿造醋中发挥重要作用。

黑曲霉是普洱茶发酵过程中的优势菌种，在普洱茶的发酵和后熟过程中，黑曲霉会产生多种酶类，如多酚氧化酶、水解酶、单宁酶等，可以将茶多酚、多糖降解，单宁转化为没食子酸，使茶汤口感变得更温和。黑曲霉在发酵过程中，还可以将糖类转化为醇，进而变为酯类，生成普洱熟茶特有的香味。但是在高温高湿条件下，如果黑曲霉大量生产，会带来果实腐烂，衣物发霉。所以在发酵普洱茶的过程中，发酵的温湿度管理很重要。

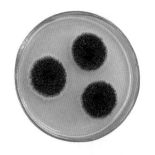

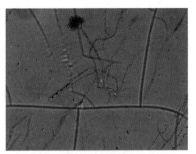

◎黑曲霉平板菌落形态　　　　　◎显微镜下的黑曲霉形态（10×10）

酵母：酵母菌并不是单纯地指某一种菌，一般泛指能发酵糖类的各种单细胞真菌。酵母菌是人类美食的好朋友，它为我们带来了许多美味，啤酒、面包和馒头的发酵都离不开它。酵母存在于空气、水、水果皮、谷物等生活中的许多角落，它是一种生命体，当环境温度与湿度达到一定条件，就会开始发酵，早在4000多年前，古埃及人和古

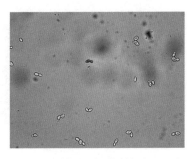

◎酵母菌平板菌落形态　　　　　◎显微镜下的酵母菌形态（40×10）

巴比伦人就已经会利用酵母来酿酒和制作面包了。在熟茶发酵过程中，早期酵母菌较少，在发酵的中后期较多。普洱茶的甘甜、陈香和润滑，很大一部分来源于在发酵过程中对酵母菌的有效控制。

根霉：根霉菌的淀粉酶活力较强，能产生有机酸，还产生芳香的酯类物质，普洱茶在渥堆中软化也与该霉滋生有关。根霉分解果胶能力强，适应中温中湿的环境。在渥堆发酵的每个阶段，控制好适当的温度和湿度，有利于普洱茶黏滑、醇厚和香甜品质的形成。

微生物的生长随着发酵的进行此起彼伏，适当的条件下，微生物会帮助我们一同制造出美妙的滋味。但是如果对温度、湿度和时间的控制失当，微生物也可以毁灭我们对美味的追逐。厨房里有腌制失败的酸菜，发酵车间里也会有发酵失败的普洱熟茶。在微生物面前，细心和经验，

◎根霉平板菌落形态

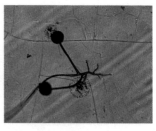

◎显微镜下的根霉菌形态（4×10）

或许是对抗失败的最佳方法。

　　传统发酵的优势菌种属于自然接种。传统发酵的爱好者相信，发酵的美妙，一部分来自发酵师那双看得见的手，另一部分来自那些神奇的看不见的微生物。除了自然接种之外，也有人尝试人工接种外源优势菌种，让发酵变得更加可控和稳定，这或许也是未来熟茶工艺发展的一个趋势。目前也有二者结合的产品，这些尝试和革新都是值得我们期待的。

　　有人认为人类活用发酵与人类学会用火同等重要，可见发酵对人类饮食和社会的影响之深。从最初的农业／手工业阶段的小规模发酵，到食品工业管理模式下的大堆发酵，安全的发酵、健康的产品和稳定的口感是未来熟茶的发展方向。当你开始品饮第一杯熟茶，你就已经走入了微生物创造的美妙世界。

·熟茶发酵的优质原料
——云南大叶种茶

　　酿造葡萄酒，不同的葡萄品种有不同的风味和品质。目前世界上有上万种的葡萄品种，但是最受欢迎的酿酒葡萄不过 10 余种。人类酿造葡萄酒的历史十分悠久，好的酿酒师对葡萄品种的"性格"了如指掌。

　　发酵普洱茶的原料也如此，品种的选择是品质形成的关键。在普洱茶渥堆发酵的过程中，茶叶就是发酵的基质。发酵基质的好坏决定了发酵的结果，因此发酵原料品种的选择就显得尤其重要。

　　中国是最早利用茶的国家，茶区众多，茶树资源丰富，茶叶品种繁多。从叶形大小来分，可以分为大叶种、中叶种和小叶种。按茶学的其他专业标准来分，就更加复杂了。

◎云南茶山，高山云雾出好茶

中国农业科学院茶叶研究所 1981 年统计，全国经鉴定有保存价值的品种资源共有 650 份，其中包括地方品种（类型）307 份，育成品种（类型）262 份，野生资源 72 份，国外引种 9 份。在加工茶叶的过程中，制茶人要制造某种茶类，就会根据鲜叶的适制性去选择鲜叶，以充分发挥鲜叶的经济价值，提高茶叶的质量。

　　普洱茶国标中要求普洱熟茶发酵采用云南大叶种，如果单纯从技术层面说，大叶种、中叶种和小叶种都可以用来发酵。但是无论从外形还是内质上来看，云南大叶种都是最优质的发酵原料。为什么呢？因为云南大叶种的品质特性和普洱茶的品质要求是最契合的。

◎云南大叶种古茶树携带着云南茶独一无二的品种基因

云南大叶种是中国著名茶树良种，是云南省大叶类茶树品种的总称。云南大叶种原产云南省西南部和南部澜沧江流域，主要分布在云南省的双江、澜沧、勐海、凤庆、昌宁、云县、保山、元江等县（市）。云南大叶种又可以分为勐库大叶种（又名大黑茶）、凤庆大叶种和勐海大叶种等。

云南大叶种的树型通常为乔木、小乔木，自然生长树高 5～6 m，最高可到 20 m 以上。茶园种植时为了方便采摘和管理，通常会把树高控制在 1 m 左右。云南大叶种叶片属特大叶类，叶长平均 13 cm，叶宽 5 cm，最大叶长、宽达 26.0×10.5 cm，叶形长椭圆形、椭圆或近倒披针形。云南大叶种具有发芽早、白毫多、育芽能力强、生长期长、

◎肥硕的云南大
叶种茶芽内含物
质丰富

内含成分丰富的特点。

　　不同种的茶树，叶片内部结构也大不相同。最明显的
区别，是角质层厚度和叶肉中栅栏组织的层数以及栅栏组
织与海绵组织的比例不同。大叶种叶片大而柔软，革质薄，
叶肉只有 1 层栅栏组织，与海绵组织比例为 1：2 或 1:3；
中小叶种则有 2 ~ 3 层栅栏组织，与海绵组织比例为 1:1
或 1:1.5。从叶片结构上，大叶种叶片栅栏组织只有 1 层，
构成滋味的海绵组织多而松散，茶多酚、糖分、淀粉等物
质都储存于海绵组织中；小叶种叶片小而硬，叶面革质层
厚，拥有 3 层厚厚的栅栏组织，海绵组织则少而紧密。

　　叶片结构的不同也带来茶叶内含物质比例的不同，云

南大叶种所含茶多酚高、氨基酸低。阮福《普洱茶记》中"普洱茶名重天下。味最酽，京师尤重之"的"酽"，意为浓、醇，从化学成分来看，就是茶多酚含量多的结果。除了品种特性外，茶叶原产地云南适宜碳代谢；而亚热带气候、温带气候的茶树氮代谢更多。

云南大叶种水浸出物、茶多酚含量、儿茶素含量都远高于小叶种茶叶。茶叶原料是发酵的基底，基底的化学成分对普洱茶发酵过程中品质的形成产生了独特作用。茶树品种中内含基质茶多酚、氨基酸等重要化合物含量越高，越有利于优质普洱茶品质的形成。[1]

在一些发酵师看来，发酵熟茶不仅要用云南大叶种茶，为了追求更好的熟茶品质，还要在云南大叶种中优中选优。一些发酵师在实践中发现，春茶料、大树料的发酵效果会更好。这也是近年来一些山头料、大树料熟茶产品诞生的前提。从微生物的角度来讲，或许它们更"喜欢"内含物质丰富的发酵原料。我们在勐海寻访了一些发酵师，据他们讲，同等级别下，同一产区、同一季节的茶叶，揉捻到位、条索紧致的原料在发酵过程中表现更佳。这里还需要提到一点，云南普洱茶制作对原料和工艺都进行了严格规定，符合普洱晒青茶正确工艺加工的优质原料更有利于后期发酵。

[1] 龚家顺，周红杰.云南普洱茶化学 [M].昆明：云南科技出版社，2010:6.

· 发酵用水的奥秘：井水还是泉水

　　地势崎岖的云贵川地区，是美食家享受发酵食品的天堂。这个区域不仅盛产令人回味无穷的美酒，还诞生了普洱茶、宣威火腿、豆豉等一系列风味独特的发酵美食。白酒的浓烈、火腿的咸香、豆豉的香辣、普洱茶的醇厚，酸甜苦辣咸醇纷至沓来，各种滋味互相调和。在这片土地上，人们大口喝酒，大口饮茶，大口吃肉，纵情生活。而这些发酵食品的美妙滋味，离不开这一区域的水。

　　赤水河被称为"美酒河"，民间俗语有言：赤水河上游是茅台，下游望泸州，船到二郎滩又该喝郎酒。中国白酒的半壁江山，都围绕着这条河绵延不绝。

　　风行世界的老干妈豆豉，是中国传统发酵豆制品的代表，它的独特风味，离不开贵阳水土的养育。而云南豆腐的典范——石屏豆腐，它的精妙之处也在于水，点豆腐用

◎自然发酵中的石屏豆腐　　　　　　　　　　◎云腿

的是天然的酸井水，可直接点化豆腐，不用石膏，做出来的豆腐具有弹性，细腻且不松散。

　　说到茶，更不能不谈水。明代茶人许次纾就说，无水不可与论茶。袁枚也曾说："欲治好茶，先藏好水。"对于熟茶而言，不仅泡茶的水很重要，发酵用水也很有讲究。普洱熟茶的"一生"有两个重要阶段：第一个阶段是从鲜叶变为晒青毛茶（半成品），这一过程决定了它的出生。第二个阶段是晒青毛茶渥堆发酵，这决定了它的滋味养成。在熟茶滋味养成过程中，水是关键因素。

　　晒青毛茶是干的，但并不代表不含水，晒青毛茶的含水量在10%左右，在普洱熟茶发酵的过程中，渥堆发酵最重要的一步就是洒水。在现代熟茶工艺面世之前，云南民间就有很多关于潮水茶的记录，只是我们无法从过去的资料中看到当时潮水用的是什么水。

水分是发酵的前提，温度是关键。洒水的作用就是提高温湿度，保证茶叶发酵顺利进行。研究发现，水分少于15%，发酵无法顺利进行，茶叶滋味苦涩，汤色橙红，香气也比较青涩。但水放得太多，就会让茶叶腐烂，让发酵无法顺利完成。水分含量在30%～40%为宜，但发酵师在发酵熟茶的过程中也要根据原料的老嫩程度进行调整。[1]

发酵用水，除了对潮水量多少的把握，用什么水也颇为讲究。在一些发酵师的眼中，水就是发酵的重要原料之一，不同的水发出来的茶是不一样的，在"茶都"勐海，我们寻访了两种不同的发酵用水：井水发酵以及山泉水发酵。

井水发酵

在勐海县城南边曼贺村的佛寺旁，有一口水井，被称为"勐海第一圣泉"，附近的村民每天都会到这口井打水，圣泉水清冽甘甜。圣泉附近有一条茶叶街，店铺的老板也喜欢打圣泉水去泡茶，当地人说，用圣泉水泡熟茶，滋味更加甘甜厚滑。

在离圣泉不远的地方，是业界著名的勐海茶厂，勐海茶厂里也有一口神奇的水井，叫做"一源井"，这口水井的井水是勐海茶厂熟茶发酵车间的发酵用水。勐海茶厂把

[1] 龚家顺，周红杰. 云南普洱茶化学 [M]. 昆明：云南科技出版社，2010:63.

◎来"勐海第一圣泉"打水的当地人

"一源井"称为"圣泉",茶厂十分重视井水的保护,水井盖有防护罩,防止灰尘和落叶落入井中。水井要经过三道加锁的门才可以看到,它24小时处于严格看护之下,不可随意参观。不少人认为,这口井是勐海茶厂熟茶发酵的灵魂。在熟茶生产者看来,水井是不亚于茶的存在。

勐海茶味的形成,勐海的水起到了不可忽视的作用。勐海大约有近百家成规模的熟茶发酵厂,几乎每家都有自己专门的发酵用水。坐落于勐海县城东三公里处的福海茶厂,是一家建于1983年的老牌茶厂,在星火计划时期由勐海茶厂抽调部分的管理人员和技术骨干组建而成,福海茶厂的熟茶发酵在业界拥有良好口碑。我们去拜访福海茶厂，工作人员给我们泡茶所用的水甘甜清冽，于是便询问用的是什么牌子的山泉水。工作人员告诉我们，茶厂发酵用水和泡茶用水都是厂里的深井水，就是"福海牌"的水。在我们的反复要求下，终于得以一睹福海茶厂发酵用水的庐山真面目。

福海茶厂的水井有些隐蔽，在厂区的花园旁，井口用一块十分沉重的金属板盖着，掀起盖子，井口已经被密封，只看得到里面伸出的一根管子。利用水泵的作用，水从井中抽出，由这根水管输送到蓄水池中保存。蓄水池也很隐

◎大益一源井

蔽安静，位于茶厂后山一块茶树林中，蓄水池的水由专用水管输送到发酵车间，可见茶厂对发酵用水的重视。

　　井水所含矿物质与当地的地质条件相关，微量元素的占比比较固定，这些元素对熟茶发酵有何影响，需要进行严谨的科学分析。除此之外，我们还应注意的一个问题就是井水的温度。井水给我们的感觉是冬暖夏凉，这是相对温度，但井水本身的温度在一年四季中变化并不大。处在地底下的水受地面气温变化的影响很小。同一地点，夏天的井水同冬天的井水，其温度的变化，最多在 3℃ ~ 4℃之间，所以让我们有冬暖夏凉的感觉。

◎福海茶厂隐蔽的蓄水池，水管直接通向发酵车间

实践经验已经表明，熟茶发酵过程中，水温是一个十分重要的参数。1974 年云南派到广州的熟茶学习小组看到是用温水发酵，回来在云南用温水发酵没成功，改用冷水才获得成功，这说明水温与熟茶发酵之间有着密切关联。

勐海茶厂、福海茶厂等勐海许多传统厂家的熟茶发酵都采用井水进行发酵，我们可以推测，这或许与井水的稳定温度有关。因为井水水温比较稳定，由此发酵出来的熟茶的品质稳定性和持续性都比较好，这种稳定性和持续性都是大厂所追求的。关于井水水温稳定和发酵稳定之间的关系，我们这里只是大胆的假设，更进一步的结论，还需要对照试验进行进一步的研究。

山泉水发酵

许多大厂选择井水发酵的同时，也有人采用山泉水进行发酵。从发酵工艺和品饮体验来看，这是一个值得期待的尝试。

陆羽在《茶经》中指出，泡茶的水，以山中流出的山泉水最佳。山泉水的水源要求是在特定的受到保护的山区，区域内无污染，周边也无其他污染进入水源区域。山泉水在流淌的过程中经历了山体自净化作用，本身含有一定量的矿物质。

我们在茶区走访时发现，有发酵师会采用市场上出售

◎接山泉水

的品牌山泉水进行发酵，但这种操作因为成本问题，并不普遍。与此同时，也有发酵师采用本地山泉水进行发酵。在勐海一带，山泉水资源丰富，这些泉水就隐藏在原始森林之中。"版纳之巅"滑竹梁子的山泉水是当地颇有名气的发酵用水，从勐海县城出发，到滑竹梁子取山泉水，一个来回要4～5个小时，厂家之所以会费如此之大力，是觉得用山泉水发酵的熟茶，滋味更加甘甜、清冽，也更受茶友欢迎。市场上用山泉水发酵的熟茶并不难找，有兴趣的茶友可以购买对比品鉴，也是喝熟茶的一种乐趣。

过去，普洱熟茶总是给人一种便宜、粗糙的感觉。在绿茶为大的中国饮茶传统中，熟茶发酵在最近30年遭遇了很多误解。随着工艺的提升，市场的发展，我们对熟茶的认知也在不断改变。在市场逐步扩大的基础上，人们对熟茶口感也有了更多元的追求。对水的精细要求，是一个有益的尝试，每一种尝试，都丰富着我们的味觉体验。

· 熟茶的拼配工艺

在美食界，拼配是一个普遍存在的现象。我们日常饮用的咖啡与红酒需要拼配，拼配创造的是单一品种无法带来的味觉体验。最受欢迎的四川红油，秘诀是用多品种的辣椒进行拼配，从而获得香、辣与回甘的复合口感。

茶行业的拼配，最被人津津乐道的就是立顿茶的拼配。创立于1890年的立顿，可以根据产品的需要，调动全球的茶叶进行拼配，由此不仅可以降低成本，还可以稳定口感，塑造自己体系的饮品风格，形成企业的技术壁垒。

拼配是普洱茶的核心竞争力，在普洱茶界，纯料是相对的，拼配是绝对的。云南历史上所生产的紧茶和圆茶中，就有茶叶级别、茶叶产区、发酵程度的拼配。现代普洱茶最经典的唛号茶，是现代普洱茶拼配的最佳表达，昆明茶厂的7581、勐海茶厂的7572、下关茶厂的7663、福海茶

◎准备进一步精制的熟茶原料

厂的 7576 等，这些经典唛号茶的前两个数字代表的是配方年份，第 3 个数字表示用料的主要级别，第 4 个数字是生产厂家的代码。这些唛号茶多年来口感稳定，关键就靠拼配技术。

普洱熟茶的拼配一般可以分为以下几种类型：不同季节原料的拼配、不同级别原料的拼配、不同年份原料的拼配以及不同产区原料的拼配等等。

不同季节的拼配：春茶、夏茶和秋茶在外形、口感和香气上各有特点。同一产区同一级别的茶，从价格上来看，春茶最高，秋茶次之，夏茶最便宜。对不同季节茶品进行拼配，一是为了平衡口感，二是为了平衡成本。

不同茶区拼配：云南茶区众多，受茶树品种和风土的影响，茶区的典型口感颇有差异。对不同茶区的茶进行拼配，可使茶品的滋味更加丰富而有层次。

不同级别拼配：有一种观点认为，最好的普洱茶，应该可以从一饼茶看到一棵树，意思就是这块茶饼要有芽，要有叶，也要有梗，这样的茶饼，喝起来滋味才饱满。这种说法其实是有一定道理的，级别较高的嫩芽／叶，因为所含多酚和氨基酸较多，香气和饱满度比较高。而茶梗和粗老的叶片在口感表现上比较甜。将不同级别的茶进行拼配，滋味确实会更加丰富，但拼配中如何分配不同级别原料的比例，则要考验拼配师的手艺。

不同年份拼配：越陈越香是普洱茶的一个特点，市场上流通的许多产品都不是单一年份的，而是多年份的原料拼配而成的。拼配比例恰当的话，能够增加口感滑度以及陈味。一些拼配师认为，老料运用得当，可以事半功倍，整体提升茶汤的品质。

配方对于很多企业而言都是机密，里面有什么原料、各自的分量是多少、如何操作完成，是不对外公开的。上面说到的几种拼配方式，可能会单一运用在一款产品、一款茶品之中，也可能多种拼配方式并用。

以唛号茶为例，厂家是如何做到让每一批茶品的香气、口感和韵味都相对稳定呢？首先，拼配师有一个拼配标准样，他要做的，就是通过拼配，去接近标准样。

拼配的大致流程如下：

（1）从原料库抽取茶样。

按比例选取拼配茶样，用标签填好茶的批次、型号、数量等。

（2）对茶样复评茶叶质量。

对抽取的茶样进行质量分析，看是否符合要求。

（3）拼配茶叶小样。

按比例进行拼配，出小样。

（4）对照样品。

将拼成的小样与标准样对照，感官评价或理化分析质量的各项因子，若发现某项因子高于或低于标准样，必须及时进行适当调整，使之符合标准样。

（5）匀堆。

小样符合标准后，则开始进行匀堆，匀堆时要扦取大堆样与小样对比其是否符合，若大小样不符，应及时进行调整。

（6）确定配方比例，准备批量生产。

对于大厂而言，拼配不是目的，而是一种手段。通过拼配，可使茶品总体质量提升，也获得商业上的最大收益。对于消费者而已，拼配带来了丰富的口感，以及更多的选择空间。你手中这片普普通通的普洱茶，有可能融合了不同年份、不同产区、不同级别、不同季节的原料精制而成，最后，所有的滋味都汇集在一杯茶汤中，这本身就是一种很神奇的体验。

· 熟茶的精制

　　晒青茶从潮水、堆茶开始发酵，到开沟、静养，只是完成了熟茶的初制环节。从发酵车间的大堆子，到你手中的一饼茶，还要经过复杂的精制环节。原料需要经过筛分、拼配匀堆、洒水回潮、蒸压、干燥、包装、检验等环节才能出厂。拼配的内容上一节单独讲过，这里就从拼配成堆之后的精制开始介绍。

洒水回潮

　　对即将进行蒸压的茶叶进行回水，是为了让茶叶变得柔软，不容易脆断，便于压制，其次也可以促进发酵。熟茶散料洒水后含水量一般在 20% ~ 25% 之间，一般是在压制前一天进行洒水。

蒸茶

用热气蒸茶，首先可以让茶叶变软，增加黏性，便于成型；其次有利于后发酵，同时也可以起到高温灭菌的作用。

压茶

压茶可分为手工和机器压两种，操作的原则就是用力均匀、得当。无论是砖、饼、坨，都有对外形和水分的要求，不能随意操作。

◎干燥

干燥

压制完成的茶需要干燥，干燥分为自然干燥和室内加温干燥。自然干燥对场地和天气的要求比较高，通常要连续数日天晴才能达到标准湿度。室内加温干燥则更容易操作，烘房的温度一般在40℃～50℃之间，不能过高。包装前茶饼的标准湿度一般是9%左右。

包装

普洱茶的包装可以说是一个艺术品，单饼用棉纸包装之后，7饼一提再用笋壳包装。包装完毕的熟茶，也开始进入后期陈化阶段，期待与人相遇。

◎手工包棉纸

◎整齐的折痕

◎七饼一提笋壳包装

◎普洱仓储常见的竹筐

◎一杯工艺繁复、滋味丰富的普洱熟茶汤

熟茶风味地图和产品形态

三

◎青翠的云南茶山

·熟茶风味地图

　　法国总统夏尔·戴高乐（Charles de Gaulle）曾说过：
"该如何治理一个光奶酪就有 246 种的国家？"在普通读
者看来，这句话是戴高乐在抱怨总统不好当，管理难度大。
但是在吃货的眼中，这句话完全是在炫耀法国的奶酪品种
是何等的丰富！ 直到今天，法国的每个地方都有自己的代
表性奶酪，令无数美食家心向往之。

　　奶酪的滋味千差万别，而我们最熟悉的腐乳，也是多
种多样。在大分类上，有青方、白方、红方。除了大分类，
在同一分类里，滋味也有细微差别，举个例子，在一个方
圆十里的小村庄，不同的家庭腌制红方腐乳，味道也是有
差异的。如果他们采用的是相同的白豆腐，风味差异则来
源于腌制的工艺、调料的配比，以及发酵过程中微生物的
作用。

和奶酪、腐乳同属于发酵食品的熟茶属于固态发酵，发酵原料、工艺等因素都影响着熟茶口感的形成。不同产区熟茶的口感也颇有差异，虽然差异不如奶酪、腐乳明显，但是细细品味，也会发现隐藏在产区背后的熟茶滋味密码。

　　影响熟茶口感的因素有很多，诸如原料产地、原料等级、发酵工艺等等。对于普洱茶生茶，很多茶友都能区分出产区风格，甚至是山头的风格，比如老班章的霸气、易武的香扬水柔、冰岛的冰糖韵等等。

　　在熟茶固态发酵过程中，晒青毛茶的香气、口感等都发生了很大的转变，熟茶产区风格的表现，不如生茶直接，但是也有许多茶友可以通过香气、汤质和韵味等几个方面来进行产区风格的区分。随着熟茶市场的细分，也有不少厂家开始进行一山一味的熟茶发酵，发烧级茶友对熟茶的探索是无止境的。

　　国家标准《地理标志产品　普洱茶》（GB/T 22111—2008）中规定的普洱茶的地理标志保护产区是云南省普洱市、西双版纳州、临沧市、昆明市、大理州、保山市、德宏州、楚雄州、红河州、玉溪市、文山州等 11 个州（市），75 个县（市、区）。我们无法对所有产区一一介绍，只选取了市面上流通量比较大的产区风格进行介绍。当然，茶区风格也并非一成不变，我们通过了解各地区的熟茶发酵，可以看看这些地方风土人情的变迁。

西双版纳
－ 勐海味：香甜厚润 －

如果你是第一次喝熟茶，喝到勐海产熟茶的概率大概在 60% 以上。

勐海，是西双版纳州下辖的一个县，在走入勐海之前，我们先来了解一下美丽的西双版纳。西双版纳位于云南省南端，下辖景洪市、勐海县、勐腊县。这里聚居着傣、哈尼、拉祜、布朗、基诺等少数民族，少数民族占全州人口的 74%。西双版纳是国际茶界公认的世界茶树原产地的中心地带、驰名中外的普洱茶的发祥地和茶马古道源头，植茶、制茶、饮茶和茶叶贸易的历史悠久。

西双版纳茶区主要包括澜沧江两岸的江内茶山和江外茶山，其中比较著名的有班章、易武、倚邦、南糯、贺开、勐宋、布朗等。其地理、气候条件独特，土壤肥沃，日照充足，温度适宜，雨量充沛，植被丰富，种植茶叶的自然条件得天独厚，拥有发展有机茶、绿色食品茶和无公害茶所必需的生态环境。境内有 13 万亩保存较为完好的古茶园、古茶树，具有稀有性、垄断性的特点，这些古茶园、古茶树是研究茶叶历史的珍贵资源，又是生产普洱茶的优质资源。

西双版纳勐海县，位于西双版纳州西部，被称为"中国普洱茶第一县"，"勐海"一词在傣语里的意思是"勇者之家"。茶产业是勐海县的支柱产业，勐海熟茶的知名度和口碑，是当地的自然所赐，也是历史的机遇所成就。

勐海县属热带、亚热带西南季风气候地区，冬无严寒、夏无酷暑，年温差小，日温差大，多雾是勐海的一个特点。勐海拥有发展茶叶的自然资源，截至 2019 年，勐海全县的茶叶种植面积 87 万亩，可采摘面积 73 万亩，精制茶产量 2.7 万吨，据估计，熟茶产量占精制茶产量的七成以上。

清末民初，石屏、普洱等地的茶商纷纷到勐海开设茶庄、加工茶叶，运输茶叶的马帮商队络绎不绝，茶叶从勐海出发，从缅甸转口，远销尼泊尔、西藏等地。民国年间，勐海就已经成为西双版纳的茶叶中心。

1938 年，为振兴中华茶产业，受当时中国茶叶总公司委派，毕业于法国巴黎大学的范和钧先生与毕业于清华大学的张石城先生带领 90 多位来自祖国各地的茶叶技术工作者来到勐海县筹建茶厂。他们在总结吸收传统普洱茶产制工艺的基础上，引入了机械制茶技术和设备。1940 年，勐海茶厂（原名佛海茶厂）正式建成投产，1942 年因战争停产疏散，勐海茶业大幅受挫，从最高峰的年产 4 万担到后来茶商纷纷撤离，茶庄陆续停业，茶园逐渐荒芜。1949 年以后，在各方的共同努力下，勐海的茶业开始慢慢恢复。

诞生于战乱年代的勐海茶厂如今已成为首屈
一指的普洱茶生产企业，而勐海茶产业如今
也焕发出了巨大的生机。

随着熟茶产业的发展，勐海县城出现了
越来越多的熟茶发酵厂，勐海的熟茶发酵无
论是规模还是品质都位居云南省之首。茶汤
的香、甜、厚、润是茶友对勐海味的描述。
不同的人对勐海味有不同的理解，在一些港
台老茶友的口中，早些年的勐海味中有发酵
产生的淡淡"海鲜味"，而这种味道会在存
放中慢慢转化为陈香。对于新一代茶友，勐
海味是熟茶的起点，也是标杆。

勐海味熟茶品鉴

☆ 大益 7572

7572 是由云南大益茶业集团出品、勐
海茶厂生产的流通量和饮用量都最大的熟饼
茶，被誉为"熟茶标杆"。滋味上，7572 是"勐
海味"的代表。这款茶入口有微微的糯米香，
有黏稠感，有一点点的苦底，带着微微的回
甘。口感滋味和香气回味都十分协调，可以

◎大益 7572

说是一款没有"缺点"的标杆熟茶。

甜度：★★★

浓度：★★★

滑度：★★★

产地：*勐海*

☆ 大益益原素A方

益原素A方是通过大益集团微生物研发中心创制的"微生物制茶法"发酵而成的新时代熟茶，通过控制环境因子以实现熟茶发酵中优势菌种的人工精准控制。益原素A方以特殊菌株为核心，是新时代发酵技术的代表。这款茶有明显菌香，口感纯净，无异杂味。

◎益原素

甜度：★★★

浓度：★★★★

滑度：★★★

产地：*勐海*

☆ 福海茶厂 7576

福海 7576 由勐海县福海茶厂出品，传承福海茶厂经典唛号茶系列，在原有的配方基础上进行了改良和升级，采用的是勐海茶区的春茶发酵，传统石磨定型，是福海茶厂熟茶的代表作之一。冲泡之后，汤色红浓透亮，木香、药香明显，入口顺滑绵柔，滋味丰富有层次感，没有苦底，反而越喝越觉得清甜。

甜度：★ ★ ★

浓度：★ ★ ★

滑度：★ ★ ★ ★

产地：勐海

◎ 福海 7576

☆ 福海易武福字号

易武福字号选用易武正山茶区乔木大树茶为发酵原料，采用福海茶厂传统自然固态发酵与拼配技艺制作而成。茶叶

◎易武福字号

综合等级为 4 级，发酵度为 8 成。干茶金芽显现，油润显毫。茶汤红浓明亮，香气平和优雅，入口甜度高，顺滑醇厚，韵味饱满悠长。

甜度：★★★

浓度：★★★★

滑度：★★★★

产地：勐海

☆ 福海茶厂老树福字号

老树福字号由勐海县福海茶厂出品，是福海茶厂 37 周年特制的古树熟茶。采用新六大茶山中贺开、布朗山古树茶原料，福海 20 年发酵池，深层矿物质井水发酵，自然堆放陈化静养一年后拼配压制成饼。滋味醇厚，顺滑，甜润，纯香。入口微苦但化得很快，回甘明显。香气以木香为主，微微带有糯

◎老树福字号

米香，香气始终与茶汤融为一体。整体滋味、香气都很协调，古树茶熟茶风骨特征明显。

甜度：★★★

浓度：★★★★

滑度：★★★★

产地：勐海

◎老树福字号饼面

昆明
－ 昆明味·平和适口 －

作为云南省的省会，昆明的优势不在于自然资源，而在于交通优势和对资源的统筹和分配。说到熟茶，昆明茶厂是绕不过去的。现代普洱茶的人工渥堆技术，于1974年诞生在昆明茶厂并逐步走向成熟。在试制普洱茶湿水渥堆发酵的过程中，昆明茶厂率先制定了《昆明茶厂普洱茶制造工艺及其品质要求》，这是普洱茶发展史上第一个有翔实理论依据和技术指标的行业标准。1975年，昆明茶厂以此为指导开始批量生产普洱茶，昆明茶厂生产的7581就是这个时期的代表作，也是普洱茶熟砖的代表之作。7581的原料以8级茶青为主，外形比较粗老，发酵程度适中，入口甜度高，存放后枣香比较明显。

在计划经济时期，昆明茶厂还承担着全省普洱茶的拼配和出口任务。1992年，出于成本考量和茶青调拨等原因，昆明茶厂停止生产，于1994年正式关停。随着大环境的起起落落，昆明茶厂也经历了辉煌、停产、复产等过程，如今昆明茶厂属于云南中茶茶业有限公司旗下茶厂，普洱茶至今仍是该厂的重要业务板块。

与勐海相比，昆明属于高海拔地区，温度、湿度都比较低，天气干燥。昆明发酵出来的熟茶在香气和滋味上都与勐海有很大区别，茶汤虽然不如勐海浓厚，但是综合品质比较平和，广受消费者喜爱，香气和口感的接受度也比较高。当下熟茶发酵的产业优势主要集中在西双版纳、勐海、临沧等产茶区，选择在昆明发酵的厂家不多，但昆明仓储的普洱茶却以陈香味浓受茶友喜爱。如今讨论昆明味的不多，但是昆明仓却颇受关注。

昆明味熟茶品鉴

☆ 中茶 7581

在试制普洱茶潮水渥堆发酵的过程中，昆明茶厂制定了《昆明茶厂普洱茶制造工艺及其品质要求》，这是普洱茶发展史上第一个有翔实理论依据和技术指标的行业标准。1975 年，昆明茶厂以此为指导开始批量生产普洱茶，昆明茶厂生产的 7581 就是这个时期的代表作。其滋味醇厚，发酵度高，汤色深红，陈香显著。

　　甜度：★ ★ ★

　　浓度：★ ★ ★ ★

　　滑度：★ ★ ★

　　产地：昆明

◎昆明茶厂 7581 茶砖

◎ 7581 茶砖面

临沧
－ 临沧味 · 均衡内敛 －

临沧，是云南普洱茶的重要产地，2019 年官方数据统计显示，临沧所产的普洱茶原料占全省的 37%。这个区域有着冰岛、昔归等广受追捧的普洱茶明星产区。也有凤庆这样历史底蕴深厚的滇红重镇。说到熟茶，临沧茶区在 1980 年代就曾出过临沧银毫等颇具代表性的产品。临沧原料资源丰富，在双江、沧源、永德等地都有熟茶发酵厂；在临沧茶区，永德的熟茶发酵规模比较大。与勐海味的醇厚相比，临沧味熟茶多了一分内敛，滋味协调度较好。

2019 年，临沧的熟茶重镇永德，全县获 SC 认证茶叶企业 33 户，年加工生产精制茶 1.1 万吨，其中普洱熟茶产量突破 1 万吨。早在 1979 年，永德茶厂就开始试制熟茶。计划经济时期，永德茶厂响应国家政策，为下关茶厂提供边销茶原料，但是毛料调拨价偏低，利润空间小。

长期以来，临沧的发酵厂大多把原料直接卖给其他地区的厂家，缺乏区域品牌和代表作，在市场上的知名度也相对有限。但从临沧熟茶的原料、工艺和价格来看，这是一个值得关注的产区。

临沧味熟茶品鉴

☆ 津乔熟兮

这是临沧双江津乔茶业有限公司用老树春茶纯料发酵的一款熟茶，是津乔茶业在临沧茶区深耕多年的熟茶代表作。前三泡就可以感受到甜味，茶汤的口感比较甜滑细腻，很干净，给人一种很通透的感觉。这款茶整体发酵适中，后期还有较大的收藏转化空间。

甜度：★★★★

浓度：★★

滑度：★★★

产地：临沧

◎津乔熟兮饼面

116

☆ 戎氏博君

堆味一直是普洱茶的痛点，戎氏这款熟茶打破了许多人对熟茶的固有印象，茶汤特有的花果香、焦糖香，令人十分难忘。博君熟茶选用临沧勐库茶区一芽二叶的藤条茶为原料进行发酵，其发酵法获得专利。茶汤透亮顺滑，甜度好，生津回甘感强。经检测，这款茶水浸出物、没食子酸、游离氨基酸含量普遍高于传统发酵茶。

甜度：★★★★

浓度：★★★★

滑度：★★★

产地：临沧

◎戎氏博君散装熟茶

普洱
－ 澜沧味·细腻清爽 －

  普洱市位于云南省的西南边，这里有丰富的茶叶资源和深厚的茶文化底蕴。普洱市境内的澜沧邦崴过渡型古茶树、镇沅千家寨古茶树、景迈千年万亩古茶园都因茶而享誉世界。在历史上，普洱是普洱茶重要的集散地。

  在普洱市境内，普洱茶集团、龙生集团、澜沧古茶公司等规模比较大的茶厂都有熟茶出品。国营茶厂时代，普洱市辖区的普洱茶厂和澜沧茶厂参与熟茶发酵的时间相对较早，在 1975 年前后就按省公司的安排，开始进行熟茶渥堆发酵，发酵工艺比较成熟。

  普洱市内以澜沧古茶公司所出品的熟茶在业内比较有辨识度和知名度。普洱景迈等地的晒青毛茶原料发酵之后，在香气和滋味口感上都比较有特点，再加上发酵产地气候、发酵原料和用水等因素的差异，所制普洱茶与勐海味有所差异，香气偏甜，入口比较甜滑、细腻，与浓郁的勐海味相比，相对清爽。

澜沧味熟茶品鉴

☆ 澜沧古茶 0085

0085 是澜沧古茶公司用景迈山古树春茶为原料进行发酵的熟茶，从 1999 年第一代开始每隔两年出一代，到 2020 年已经是第 10 代。0085 发酵时间长，通常在 100 天左右，茶汤汤色较深，糯香与焦糖香明显，滋味浓强，略带苦底，口感醇厚、绵滑。

甜度：★★★★

浓度：★★★★

滑度：★★★

产地：澜沧

◎澜沧味代表——澜沧古茶 0085

◎ 0085 饼面

大理
－ 下关销法沱·焦糖韵味 －

大理下关地处滇西交通枢纽，在历史上内通四川，外达缅甸、印度，是商贾云集、市场繁茂的集镇。下关也是茶马古道的重要集散地，早在 20 世纪初，就有永昌祥等商号在下关经营茶叶。下关茶厂创建于 1941 年，原名康藏茶厂，1950 年后更名为云南省下关茶厂。1958 年，下关茶厂试验成功紧茶蒸汽高温快速发酵法，全程翻堆两次，最多只要 15 天发酵完成。在蒸汽发酵和传统潮水渥堆的基础上，下关茶厂在 1975 年研制出了自己的渥堆发酵技术。[1]

在下关茶厂的熟茶产品中，最为著名的是销法沱，外销唛号 7663。黄绿色花格印刷的圆盒包装，包装上法语的"THÉ"（茶），花体的"Tuocha"字样，是下关茶厂出品的销法沱的标志性特征，这一经典的包装也多年未变。

销法沱诞生于 20 世纪 70 年代的下关茶厂，它最初是法国人费瑞德·甘普尔（Fred Kempler）的定制茶。用甘普尔先生的话来形容，销法沱有一股焦香味、炒糖香。除了甘普尔所形容的炒糖香，一些茶友评价说下关沱茶还伴有一种微微的梅子酸。这些很细微的感受，因人而异，这

---

[1] 杨凯. 熟茶简史 [J]. 普洱 ,2015(3).

些滋味都是在发酵中形成的，具有鲜明的产区风格。销法沱至今仍是下关茶厂的重磅产品，销法沱的滋味诠释了下关味的经典魅力。

茶是半成品，需要通过冲泡来展现滋味，个人在品饮过程中的感受，从来都不是标准和固定的。况且，普洱茶又是一个有生命的茶，出厂之后它的滋味仍会随着仓储、随着时间而改变。从产地、厂家到茶友的茶杯里，我们对滋味的理解和体验不是一成不变的。对于普通茶友来说，要对产区进行区分是一个难题。但对于市场而言，如果区域风格塑造成功，对地区品牌的打造是利大于弊的。饮品和地域的关联在咖啡、酒等饮品上都有很大的认可度，这也是我们讨论熟茶区域风格的一个重要前提。

大理味熟茶品鉴

☆ 销法沱

下关茶厂的7663，又名"销法沱"，圆盒单沱100克，曾于20世纪90年代远销法国、德国。这款茶开启了普洱茶保健功能科学认知的新时代，经法国临床研究证明，云南沱茶对人体中的胆固醇、甘油三酯、血尿酸等有不同程度的抑制作用。在欧洲，销法沱是作为药品在药店售卖的。销法沱喝起来滋味柔和，杯底有焦糖香。

甜度：★★★
浓度：★★★
滑度：★★★★
产地：大理

◎大理味——销法沱

◎销法沱饼面

☆ 宝焰紧茶

"宝焰牌"是1941年康藏茶厂成立后就诞生的商标，注册后一直使用到1952年，后来有段时间停止使用，1990年由下关茶厂注册后重新使用。宝焰紧茶造型别具一格，被称作蘑菇形紧茶或牛心紧茶，历来被藏区佛教僧侣当作礼佛专用茶，有着"佛茶之尊"的美誉。下关蘑菇沱制作技艺已入选国家级"非遗"名录。这款茶陈香浓郁，滋味醇厚，甜度高。

甜度：★★★★

浓度：★★★

滑度：★★★

产地：大理

◎宝焰紧茶

· 熟茶的各种形状

散茶

散熟茶就是未经压制成型的熟茶，市场上多见的散熟茶为宫廷普洱茶。

市场上还有一种很热门的散茶——"老茶头"，这种茶品是熟茶发酵过程中结成的团块茶，它在发酵过程中嫩度高、体型小、条索紧结，潮水后，茶叶柔软，茶体之间透气性差，发酵中容易结成团块。这些团块茶经过筛分，精制之后就成为产品。因其甜度高、适合煮饮，广受消费者欢迎。

饼茶

357 克饼茶是熟茶中最常见的，它经机器或石磨压制而成。可以通过饼形是否周正、均匀判断压制工艺。最近

◎散熟茶

◎老茶头

◎传统357克饼茶

几年，市场也可见100克、200克小饼，玲珑小巧，造型精致。

砖茶

砖茶，就是压制成砖块的熟茶，比较多见的为250克茶砖，传统上砖茶的用料比饼茶要粗老。

沱茶

1916年，云南沱茶首次定型加工为现在的碗形沱茶，碗形窝部通风透气，有防止霉变的作用，当时最为出名的是下关永昌祥的沱茶，其配料比较有特点，取勐库茶的香味浓厚，凤山茶的外形。[1]沱茶的规格，以250克、100克比较常见。1986年3月10

◎大砖茶

[1] 魏谋城. 云南省茶叶进出口公司志1938—1990年[M]. 昆明：云南人民出版社，1993:15.

日，云南沱茶在西班牙巴塞罗那荣获第九届国际食品汉白玉金冠奖。

小沱茶与龙珠

　　小沱茶是现代冲压磨具时代的产品，利用机器的压力，把5克左右的茶叶压制成小坨，便于携带，同时可以利用一些碎茶叶，避免浪费。龙珠可以说是小沱茶的升级版，用机器或手工把茶叶搓成圆形，一粒5～10克不等，磨具冲压的小沱茶通常比较碎，但是许多龙珠茶的条索还清晰可见，外形也比较美观。小沱茶与龙珠茶都具有方便携带和冲泡的优点。

◎沱茶

◎龙珠茶

◎普洱小沱茶

◎普洱茶膏

茶膏

熟茶膏是用传统工艺熬制或用现代科学工艺萃取浓缩而成，成品为固体状，溶于水。饮用的时候加入水冲泡即可，不会产生茶渣。

◎袋泡茶

袋泡茶

袋泡茶，即将一定量的茶叶包装在特制的过滤袋里，既方便又卫生。加工成袋泡茶的熟茶，是办公和旅行的最佳选择。

◎普洱茶粉

茶粉

熟茶的深加工产品,为粉末状,溶于水,可直接冲泡。

四

熟茶的挑选与购买

◎饼形周正的普洱熟茶

· 如何选购好熟茶

"市场上那么多熟茶，要怎么挑选呢？"刚开始学习喝熟茶时，很多人都会有这样的疑问。其实，我们可以从喝茶的场景、购买用途、可接受的价格区间等方面来考虑要选购一款什么样的熟茶。

· 口粮茶看稳定

什么是口粮茶？有人一日三餐离不开馒头，有人一日三餐离不开辣椒，更有人一日三餐离不开茶，所以就有口粮茶一说。其实口粮茶很好理解，就是我们天天都在喝、天天都在用的茶叶。

口粮茶最讲究物美价廉，品质要"还过得去"，价格一定要实惠，足够亲民，接地气。所以，口粮茶绝对不是高高在上的"天价茶"，也不是低档的"酒楼茶"，这也就决定了口粮茶只会以最普通的包装、最接近原生态的面貌呈现在茶人们面前。说白了，"口粮茶"要平衡品质和价格，既好喝又便宜。以大厂家出品的口粮茶来说，其生产的口粮熟茶基本上都有相对成熟的生产工艺，每年出厂的茶品在口感上也比较稳定。

综合考量而言，我们在选购口粮熟茶时，可以从口感、价格、健康等方面进行平衡选购。

◎口粮茶是家居良伴

· 办公茶看标准

　　商务用茶，细节决定成败。一杯得当的接待茶，能让客户感到尊重和愉悦，不仅营造了一个良好的交谈氛围，也展现了公司的文化底蕴。它不像平常饮茶讲究品茶论道，而是得有一个标准，具体我们可以从"用安全茶、规范用具、满足个体差异、成本可量化"这四个关键点来考量选什么样的商务用茶。

◎办公茶

· 收藏茶看品牌

　　为什么要收藏普洱茶？目的无非有二，一是从经济学角度看它的升值潜力，二是从品饮角度看它的品饮价值。那么，收藏什么样的普洱茶出错率较小呢？排在第一位的当然是品牌茶，品牌知名度较高的普洱茶是在消费市场上经过大浪淘沙沉淀出来的，而不是人为炒作出来的。炒作可能会在短时间内赢取一些市场，但不会长久。普洱茶的质量、增值空间只有喝茶人才知道。所以，一款普洱茶在市场中有独立的口碑和信誉度，对增值就会相对有保障。如果你是纯粹以投资为目的进行收藏，还是那句老话：投资有风险，入市须谨慎。

· 礼品茶看目的

茶作为礼品来说，选购时要因人、因时、因地而异，根据不同收礼人的喜好、需求来送不同的茶礼。

为了方便大家更理性地做出判断，我们可以先给送礼下个定义。首先，送礼是一种行为，这个行为是要根据你的目的来决定的；其次，在目的这个层面上，我们把茶分为两种，一种是柴米油盐酱醋茶的茶，另一种是琴棋书画诗酒茶的茶。在送礼的时候，如果你是从生活层面送，首先包装得讲究，而且送的时候，茶本身的故事也非常重要，得让收礼人能接受你的说辞；如果是从高雅层面送，不论从茶的品质、包装，还是故事方面都得重视，要让对方觉得你送的这份礼是真的用了心的。

◎伴手礼包装上的"福禄寿喜财"五福临门

·看懂熟茶包装上的重要信息

喝了这么多熟茶，你是否留意过茶叶包装上地名、原料和连成长串的字母信息所代表的意思呢？

有人说，普通人喝茶看包装，内行人喝茶看山头。其实，不管是普通人还是内行人，我们喝茶首先要喝的是健康茶、安全茶。那么如何判断这款茶健不健康、安不安全？选购时，我们要注意哪些基本信息呢？或许你可以从茶叶外包装上窥探一二。下面我们就通过举例，让你看懂熟茶包装上的重要信息，让选购不再盲目。

SC 认证：SC 是"生产"的汉语拼音首字母缩写，与QS"质量标准"一样是生产许可证。它是食品生产加工企业必须具备的生产资质，如果企业没有这个证，则说明它属于无证生产，那么这款茶的质量也就无从追踪了。所以，在选购熟茶时，第一步要看这款茶有没有 SC 认证标识。

2015年10月1日开始施行的《食品生产许可管理办法》明确规定，新获证食品生产者不再使用 QS 标志，而是在食品包装或者标签上标注新的食品生产许可证编号"SC"加 14 位阿拉伯数字，从左至右依次为：3 位食品类别编码、2 位省（自治区、直辖市）代码、2 位市（地）代码、2 位县（区）代码、4 位顺序码、1 位校验码。

以福海茶厂为例，它的 SC 认证生产许可证编号是"SC11453282251824"。我们以"SC"后的 14 位阿拉伯数字看，从左至右依次的含义为："114"代表的是茶叶及相关制品，"53"代表的是云南省，"28"代表的是西双版纳州，"22"代表的是勐海县，"5182"代表的是顺序码，"4"代表的是校验码。

生产日期（制造日期）：这是食品成为最终产品的日期，也包括包装或灌装日期，即将食品装入（灌入）包装物或容器中，形成最终销售单元的日期。食品成为"最终产品"或"最终销售单元"的日期，又是什么意思呢？打个比方，2012 年采摘制作成的熟茶散茶，储存陈化到 2015 才进行压饼包装，这个时候就会印制上 2015 年的生产日期，才成为"最终产品"上架销售。包装上可能也会注明"原料日期：2012 年"这样的信息。

保质期：一般情况下，只要是符合正常存放标准的，没有异味、霉变的熟茶，是可以长期保存的。

产区：国家标准《地理标志产品 普洱茶》（GB/T 22111—2008）中有明确规定，以地理标志保护范围内的云南大叶种晒青茶为原料，并在地理标志保护范围内采用特定的加工工艺制成，具有独特品质特征的茶叶，才能称为普洱茶。一方水土养育一方人，一座茶山培育万亩茶。普洱茶生于云南，长于不同的茶山，口味自然也各不相同，通过产区标识，我们能够初步判断这款茶的口感与风味。比如产地在勐海的熟茶多有香醇厚滑的口感，而产地在昆明的熟茶多半高香甜滑。要多喝各种产区的茶才能判断和体会其风格，而不是多听别人讲。

级别：普洱茶（熟茶）散茶按品质特征分为特级到九级，每个等级都有相应的品质特征规定。在国家标准《地理标志产品 普洱茶》（GB/T 22111—2008）中，普洱茶（熟茶）散茶分为特级、一级、三级、五级、七级和九级。以下为各个等级的品质特征（见表1）：

◎不同级别的熟茶原料，从左到右为特级、一级、三级、五级

表 1 普洱茶（熟茶）散茶感官品质特征

级别	外形				内质			
	条索	整碎	色泽	净度	香气	滋味	汤色	叶底
特级	紧细	匀整	红褐润显毫	匀净	陈香浓郁	浓醇甘爽	红艳明亮	红褐柔嫩
一级	紧结	匀整	红褐润较显毫	匀净	陈香浓厚	浓醇回甘	红浓明亮	红褐较嫩
三级	尚紧结	匀整	褐润尚显毫	匀净带嫩梗	陈香浓纯	醇厚回甘	红浓明亮	红褐尚嫩
五级	紧实	匀齐	褐尚润	尚匀稍带梗	陈香尚浓	浓厚回甘	深红明亮	红褐欠嫩
七级	尚紧实	尚匀齐	褐欠润	尚匀带梗	陈香纯正	醇和回甘	褐红尚浓	红褐粗实
九级	粗松	欠匀齐	褐稍花	欠匀带梗片	陈香平和	纯正回甘	褐红尚浓	红褐粗松

表 1 主要用于专业审评和指导生产，对普通的茶友而言，需要了解的是专业机构是从什么维度来评价一款熟茶的好坏，如果想进一步研究，也可以多花些时间来品鉴。

对传统的大厂而言，熟茶分级是为了便于采购和加工。传统大厂的唛号茶中可以很容易看出级别，如 7581、7572、7576 这些唛号茶，其中的第三个数字代表用料的级别。如今在市场上流通的熟茶产品中，大多数不会标出级别，随着大树茶 / 古树茶熟茶产品的出现，一些外形级别不高的茶品在口感上也拥有了不错的表现。

·如何找到自己喜欢的口味

　　熟茶味型是多种多样的。

　　熟茶总体醇和柔顺，但因为各产区原料、发酵技术、发酵程度的不同，每款熟茶都有自己的风格和特点，而不同的风格之间并没有优劣之分，这种多样性也为熟茶留下了无限想象的空间。想要找到自己喜爱的熟茶，首先需要知道一款好的熟茶应该是什么样的。

　　好的熟茶干茶需洁净、油润、无异物；汤色红褐无论深浅，应明亮不浑浊；香气和滋味应纯正，没有霉味、尘味或酸味。总体来说，"干净"，是一款好熟茶的基本标准。

　　在"干净"的基准线上，再根据个人的喜好去尝试各式各样的熟茶。我们建议从大厂的基础茶开始喝，通过基础茶逐步了解熟茶特征。比如大益的 7572、中茶的 7581、下关的 7663、福海的 7576，这些产品稳定性好，价格实惠，各个方面都比较平衡。以大厂基础茶为起点，再逐渐扩大范围，去寻找自己喜欢的甜度、浓度和滑度。

探索熟茶风味，可以从以下几个方向着手进行尝试。

从等级看，等级高的宫廷级熟茶原料细嫩，干茶显金毫，滋味清甜，香气高扬，但水浸出物含量低，耐泡度低；而等级稍低的原料发酵出的熟茶虽然干茶呈褐色，但通常滋味更加醇厚、糯滑，汤色红浓，耐泡度也高。

从产区风格看，勐海熟茶厚重、黏稠、纯正、有糯香，"勐海味"也成为许多人心目中标准的熟茶味。其他产区也有自己的特点，在搜索产区风格的时候，建议先从产区的代表厂家的基础款入手，逐步进阶。

随着熟茶市场的不断扩大和发酵技术的日趋完善，山头熟茶、大树熟茶、古树熟茶也逐渐出现在市面上，甚至有不少使用易武茶区、班章茶区春茶为原料的熟茶，这在从前是难以想象的。山头熟茶的出现，也为熟茶风味的探索增添了不少乐趣。

从发酵程度上看，发酵程度低的茶汤色较淡，滋味清爽有活性；发酵程度适中，整体风味醇和稳定，茶汤顺滑；发酵程度较重，则会呈现出深褐的汤色，滋味趋于平淡，木质香显。

除了以上几点，很多茶友也很关注熟茶的年份。在购买的时候，你可留意一下熟茶的原料年份和压饼年份。许多厂家在推出新品的时候，其实用的是老料，这样的茶滋味会更加醇和，陈香也会更明显。当然，发酵工艺成熟的厂家，新出厂的熟茶适口性就不错。我们访问了许多茶友，他们认为3~5年陈期的熟茶通常比新熟茶适口性好许多。当然，你在挑选熟茶的时候，不要只听，一定要多喝多对比。

购买渠道

线上： 线上渠道更适合于已经了解自己喜好或已有熟悉品牌的人进行购买。目前几乎所有的品牌茶企都开设了线上渠道，方便消费者购买。上述列举的经典熟茶，除了线下专营店，也都可以在

◎汤色透亮的熟茶，看上去令人心情愉悦

淘宝、京东等渠道搜索到产品。在线上购茶后，商家往往还会赠送一些其他茶样，这也是接触不同熟茶的好机会。

线下：对于初步了解熟茶的人，线下或许是一个更为直接的渠道。线下熟茶购买渠道主要有普洱茶专卖店、茶叶品牌专卖店，部分超市也有售卖。相对于线上，线下渠道可以进行试饮，也有经验丰富的茶艺师进行答疑解惑。当然，也可以在线上先找到自己感兴趣的产品，再到线下店进行体验。如果无法弄清自己的喜好，试着聊聊自己喜欢清爽还是醇厚的感觉，茶艺师会根据你的喜好进行推荐。

最重要的是，不要将喝熟茶当作是一件困难的事，多多尝试，一定会遇到你喜欢的那款熟茶。

◎发酵饮品，带来了丰富的味觉体验

◎从右到左，对比品鉴福海茶厂2006年、2010年和2020
年的唛号茶7576，饼面颜色发生了一些细微变化

◎从右到左，2006年、2010年和2020年7576的汤色有所不同，
也带来了不同的品饮体验

· 熟茶购买常见误区

认为熟茶等级越高越好

熟茶的等级借鉴了绿茶的等级分类方法，从嫩到老进行分级，分别为一级、三级、五级、七级、九级。后来又出现了所谓的宫廷料，就是特级往上的级别。级别代表其内含物质的变化。

宫廷料就是最细嫩的料，是整批料中最少的，但不能说宫廷料就是最好的。评判普洱茶好与不好不能单纯靠级别而定，不同等级的熟茶有它各自的特色，并不是等级越低或者越高的熟茶越好。

认为熟茶不高级，都是便宜茶

认为熟茶低级是一个历史遗留问题。自现代人工发酵普洱茶诞生至今的 40 多年间，前 30 多年都主要是生产大众化消耗产品。除了对原料的分级，厂家对茶品的口感和品味没有进行太多精分。而随着熟茶市场的扩大和发酵技术的进步，最近几年开始出现很多有特点的、品质细分的熟茶。而山头熟茶的出现，昂贵古树茶原料的加入，更是在不断扩大熟茶的可能性。观念的产生和流行，有一定的滞后性，一些对熟茶的判断或许还在依据 20 年前的现实。作为一种发酵的健康饮品，熟茶一定会越来越成为注重健康人士的选择。

认为熟茶发酵不安全

有消费者觉得熟茶不安全、不卫生，是因为把发酵和发霉的概念混淆了。发酵和发霉是两回事，虽然熟茶发酵过程中会产生白色的霉菌、黑色的霉菌、青色的霉菌，但这都是发酵过程中微生物生长的表现，几乎在所有的固态食品发酵中都会产生这一现象。发霉是变质，而发酵是质变。

在我国，食品安全问题一直是人们关注的重点，茶叶的质量安全问题也一直广受重视。随着市场的发展，普洱茶产业也在提升，行业有标准和市场准入制度，产品也有质量技术监督局的定期抽查。从 2015 年起，云南普洱茶开启了 SC 认证（食品生产许可证），近年来，也有越来越多的加工企业通过了 HACCP（危害分析与关键点控制）、GMP（良好生产质量管理规范）等质量控制体系认证。只要是从正规渠道、正规厂家购买的产品，应该说是可以放心饮用的。食品安全问题是整个行业的根基，而规范化、清洁化是普洱茶生产加工的趋势。

认为熟茶没有生津回甘

在喝普洱茶的茶友中，存在着一个鄙视链，就是许多喝生茶的茶友觉得熟茶都是一个味道，也没有回甘生津，其实回甘生津需要的条件和物质在很多熟茶里都有，用高品质原料发酵以及发酵程度低的熟茶通常都有生津回甘。

认为熟茶不能存放

人工发酵的普洱茶，出厂后也需要一个后熟的过程。从我们喝茶的经验出发，一款熟茶在存放几年之后，品质会有提升。很多人都赞同，饮品都有其品饮峰值，存放时间并不是越长越好，这一点在红酒、威士忌、普洱茶（生/熟）中都通用。绿茶的储存是要保鲜，而普洱茶的存放是要转化提升，转化的过程十分复杂。常喝熟茶的人会发现，熟茶在存放适宜的一段时间后，汤色会变得如宝石般红亮。从熟茶的品质要求出发，一款熟茶汤色红浓、滋味醇厚、陈香明显就已经达到了最佳品饮体验。

· 家庭如何存放熟茶

　　一般情况下，无论家里的普洱茶是散茶还是紧压茶、熟茶还是生茶，只要按包装上的存放说明去做就能够满足基本需求了。通常，我们在存放时需要注意以下几个问题：

　　（1）茶叶怕高温、强光，所以不能放在高温和阳光直射的地方。茶叶内的茶多酚等很多内含物质，在高温强光下面都会加快氧化反应，如果长期处在这样的环境下，会影响茶叶的品质与外观。

　　（2）茶叶存放应该避开比较潮湿的环境。如果普洱茶的存放环境湿度、水分较大，茶叶发霉的概率就会非常高。

　　（3）茶叶是极容易吸收味道的物品，所以不能和香水、樟脑丸等味道比较重的东西存放在一起。有条件的话你还可以空出一间房来存茶，比如，书房或独立封闭的小空间；而厨房、离卫生间近的地方则不适宜茶叶的存放。

· 存放容器

普洱茶收纳盒

中国设计师原创设计的普洱茶收纳盒，适合日常饮用的茶品单饼存放。收纳盒采用的是食品级别的材料，外观简洁，线条流畅，还可以根据环境温湿度调节气孔，放在书架和茶架上都毫无违和感。

纸箱

对于家庭储藏熟茶而言，其实用纸箱存放是最实用的。但用纸箱收藏熟茶我们也得注意纸箱本身是否有异味，如果有异味最好先放置一段时间，让异味散去后再存放茶叶。纸箱存放熟茶，建议只存放紧压茶，整桶存放最好，不要拆散，个别散开的饼茶，可以先用纸袋封装好再存放。

金属罐

可选用铁罐、不锈钢罐或质地密实的锡罐存放，如果是新买的罐子，或原先存放过其他物品留有味道的罐子，可以先在罐内放少量茶，盖上盖子，上下左右摇晃轻擦罐壁后倒弃，达到去除异味的效果。

紫砂、紫陶茶缸或茶罐

也可以选用紫砂、紫陶茶缸、茶罐来存放熟茶，因为这些材料不仅可以隔绝异味，还可以通过氧化反应使茶罐、茶缸内的氧气密度和纯粹度达到很完美的状态，从而促使普洱茶的氧化反应变得更快和更好。这样的容器放在家里还能起到装饰效果，可以说是一举两得了。

塑料袋、铝箔袋

在选用塑料袋或铝箔袋时，最好是选有封口且为装食品用的，材料厚、密度高的更好，不要用有异味或者再制的塑料袋或铝箔袋。

另外，存储熟茶时，最好与生茶或其他类茶分开存放，且存放时尽量不要拆掉笋壳包装，因为笋壳是三层结构，中间层是蜂窝状，它的通风、透气、防潮效果都很好。总的来说，普洱熟茶应该在清洁、避光、干燥、无异味、无污染的环境下保存。

◎简洁的普洱茶收纳盒

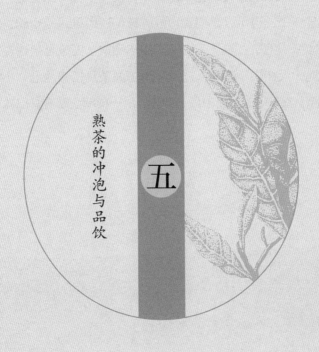

五

熟茶的冲泡与品饮

喝茶，可以讲究，挑选适合的茶具，选择适宜的水，甚至是煮水的器具；也可以简单，找一个称手的容器，可以是杯子，也可以是搪瓷口缸，甚至还可以是一个碗，随意地抓一把茶、煮一壶水便可冲泡品饮。无论是用搪瓷口缸泡一大杯喝一整天，还是采用工夫茶具慢慢冲泡、小口细品，都是喝茶。简单或是繁复，每一种喝法都有其滋味。

· 茶具的选择

在茶叶的冲泡过程中，茶具的选择有很多讲究，好的茶具使得茶汤干净纯正，而一些有异杂味的茶具则会影响到茶汤的滋味和香气。茶具按其器型一般又可分为碗、盏、壶、杯等几类。选择何种器型的茶具为佳，可根据各自生活习惯、审美观念、所处环境，从方便、适用等方面考虑而各取所需。

茶壶

在茶叶的冲泡中茶壶是最为常见的器具了，陶瓷茶壶、玻璃茶壶、紫砂壶、紫陶茶壶……，壶形也各有不同，根据茶叶的冲泡方式有各种不同类型的茶壶。

1.紫砂壶

现在流通量最大、使用最广泛的壶器便是紫砂壶。紫

◎紫砂壶

◎云南建水紫陶壶

◎煮茶壶适合煮饮老熟茶

砂最大的特色在其材质，其材质中含黏土，以及石英、云母和赤铁矿等矿物质。因其含铁量高，具有多种矿物元素，烧成温度一般比陶器高，高温烧造时各种矿物质发生了质变，因此会产生少量断断续续的气孔。紫砂的气孔率介于陶器与瓷器之间，因此紫砂壶具备了良好的透气性。

2. 紫陶壶

紫陶是云南省建水的传统工艺品，与紫砂一样，紫陶也有着良好的透气性和保温性，在熟茶的冲泡中也具备优势。

3. 煮茶壶

煮茶壶多用于黑茶类与老白茶的熬煮，在冬季熬煮茶叶，茶汤更加浓厚，滋味更加醇和。在煮茶壶中，玻璃煮茶壶是最为常见的，玻璃煮茶壶既具有煮茶的功能，又能对茶汤、茶叶进行观赏，是煮茶器具的首选。在熟茶里，老茶头和老熟茶适合煮饮。

4. 盖碗

盖碗是茶叶冲泡过程中最常见的茶具，盖碗又称"三才碗"。所谓三才即天、地、人。茶盖在上谓之天，茶托在下谓之地，茶碗居中是为人。盖碗适用于大部分茶类的冲泡，与茶壶相比，盖碗更具兼容性，性价比也更高。在

◎盖碗冲泡　　　　　　　◎盖碗冲泡

熟茶的冲泡中，盖碗也是最常见的器具之一。

5. 马克杯

马克杯指带大柄的杯子，是最常见的饮茶用具，比较适合办公室群体和日常家用，在冲泡熟茶的时候马克杯应选择直径较大一点的玻璃杯，投茶量应减少，茶水比1:50左右，避免浸泡时间过长而导致茶汤浓度过浓。

· 水的选择

　　茶是半成品，缺了水，怎么谈滋味？水为茶之母。泡茶的时候，不仅要讲究山泉水、井水，还要讲究水的温度、注水的角度等等。熟茶冲泡用水，有条件的话建议采用山泉水。用水的讲究，丰俭由人。

　　但对于日常饮用而言，最需要注意的是水温，普洱熟茶不怕高温，冲泡时需要高温沸水冲泡才能激发其茶性，建议水温95℃～100℃。如果水温过低，熟茶的香气、甜度和厚滑度都很难被浸泡出来。

· 撬茶

普洱熟茶基本是以紧压茶的形式为主，所以在冲泡过程中撬茶是一个必要的环节。撬茶有专用的撬茶工具：茶刀和茶锥，茶刀常用于茶饼和茶砖，茶锥常用于茶沱。

茶饼撬法

（1）将茶饼背面中间的凹面朝上放平；

（2）用茶锥从凹处斜角向外插进，抽出茶锥，往旁边两侧按同样方法插进去，松动茶饼；

（3）茶饼松动之后，再向上撬茶。

茶砖撬法

（1）从茶砖的侧面插入茶刀，稍用点力，把茶刀往茶砖里推进去；

（2）这样沿着茶砖的四周撬一圈，茶砖就分成较薄的两片；

（3）把茶块按着压制条索、纹路慢慢解出茶叶，喝的时候适量拿取就行。

◎茶针撬沱茶

◎茶刀撬茶饼

·不同茶具的冲泡要领

紫砂壶冲泡

在普洱熟茶的冲泡中，紫砂壶最为常见，紫砂壶的透气性和保温性都较好，在熟普的冲泡上面具有很大的优势。

（1）洁具：用沸水清洗茶具，使器具温度升高，以利于茶性激发；

（2）投茶：根据壶的容量称量适量的熟茶，将其放入壶中，建议茶水比 1:30；

（3）醒茶（润茶）：水温 95℃～100℃，注水冲泡快速出汤，第一次冲泡倒掉不喝；

（4）泡茶：注水冲泡，10～15 秒左右出汤，将茶汤倒入公道杯中，再由公道杯倒入个人茶杯即可分享品饮。普洱熟茶可以连续冲泡数次，随着冲泡次数的增加，往后可随着茶汤浓淡增减浸泡时间。

◎银壶烧水，紫砂壶冲泡

紫砂壶使用技巧

（1）紫砂壶的容量多为100～300ml，对于初次使用紫砂壶的人来说，使用大容量的紫砂壶出汤时会很吃力，因此可以先选用较小的紫砂壶，等熟练之后再使用容量稍大一些的紫砂壶；

（2）注意出水时不宜挡住壶盖上的气孔，否则会使得茶汤难以流出。

盖碗冲泡

盖碗是最为常见的冲泡用具，适用于各种茶类，在普洱熟茶的冲泡中也是比较常见的器具。

（1）洁具：用沸水清洗茶具，使器具温度升高，以利于茶性激发；

（2）投茶：称量适量的熟茶，并将其放入盖碗中；

（3）醒茶（洗茶）：注水冲泡快速出汤，倒掉不喝，水温95℃～100℃；

（4）泡茶：再次注水冲泡，10～15秒左右出汤，将茶汤倒入公道杯中。

◎盖碗冲泡熟茶，注水角度要低，要稳

盖碗使用技巧

（1）在使用盖碗时，尽量选用隔热效果好的茶具，避免烫伤手；

（2）注水时，水不要超过盖碗边缘；

（3）出汤时的缝隙要适中，缝隙太大容易带出茶渣，缝隙太小出汤太慢。

飘逸杯简易泡法

飘逸杯是较为便捷的冲泡器具，因其冲泡方便适用于各种场合，也是绝大多数办公室群体的选择，其冲泡方式也简单易学。

（1）洁具：用沸水清洗茶具；

（2）投茶：根据飘逸杯的容量称量茶叶，并将其放入飘逸杯有滤网的内胆中；

（3）醒茶（润茶）：加入适量的水，水温95℃～100℃，热水迅速润茶后，将内胆中的茶水倒掉（一般杯子上都有按钮，可直接完成茶水分离）；

（4）泡茶：注水冲泡，浸泡20秒左右，即可按下按钮或取出内胆，分离出茶水饮用。

◎飘逸杯冲泡，方便快捷

马克杯随手泡

马克杯常见于袋泡普洱茶的冲泡中，是比较常见的冲泡方式之一。适合于多种场景冲泡饮用，冲泡方式也较为简便，称取适量的茶叶置入杯中，加入适量沸水快速润洗一次，再加入沸水冲泡即可。

闷泡法

闷泡法是一些熟茶厂家根据自己茶叶的品质特性而推出的一种冲泡方式，是一种比较简单实用的方法。使用闷泡法时，需要先准备一个保温壶，将适量熟茶放入保温壶里，加热水盖上盖子闷泡即可。闷泡过的茶汤苦涩味会减少，茶汤更加浓厚醇滑。

煮茶法

煮茶法常见于冬季或者一些边销茶区，熟茶可以直接熬煮，也可以先冲泡数次，茶味变淡后再进行熬煮。从我们的经验来看，老茶头是最适合煮饮的。

（1）选择茶壶并进行清洗；

（2）在茶壶里加入适量的水，并置于电炉上加热；

（3）水开始沸腾时加入称量好的茶叶；

（4）熬煮 2~3 分钟后即可饮用，如果觉得滋味不够浓郁，则再按需增加熬煮时间。

◎马克杯随手泡

◎陶壶煮饮，别有一番滋味

·年份熟茶冲泡

　　这里的年份熟茶指的是存放了 10 ～ 20 年的熟茶。倒不是说年份熟茶不可以采用马克杯、玻璃杯、玻璃壶等一些简单的冲泡器具，而是因为年份熟茶比较珍贵，我们应该更讲究一些。打个比方，如果你手中有一瓶 1982 年的拉菲，你会随随便便在厨房里拿一个玻璃杯喝掉吗？我想你会通过一些仪式，来体验这款酒的美妙。喝老熟茶也是如此。

　　年份熟茶之所以受到众人的喜爱，是因为其越陈越香越浓，存放一定的时间后，熟茶香气转化得更加饱满丰富，而滋味也更加醇滑。对于年份熟茶，我们建议采用紫砂壶冲泡，茶水比为 1:30。

　　（1）洁具：用沸水淋洗紫砂壶，使器具温度升高，以利于茶性激发；

　　（2）投茶：根据壶的容量称量适量的熟茶，并将其放

◎存放了 20 年的熟茶，茶汤黏稠，陈香足

入壶中；

（3）醒茶（润茶）：注水冲泡快速出汤，倒掉茶汤；

（4）泡茶：注水冲泡，快速出汤，前几泡都即泡即出，等茶汤滋味变淡时可适当加长冲泡时间；冲泡变淡后的老茶还可以接着煮饮，也是别有一番滋味。

年份熟茶往往具有红宝石般透亮的汤色，欣赏汤色，也是品饮过程中不可忽略的乐趣。

年份熟茶品鉴：班章特 2 号

这款茶 2000 年由勐海茶厂出品，采用班章茶区原料，茶品外包装上有"大白菜"有机标，也被称为"班章大白菜熟茶"。经过 20 年的存放，这款茶陈香足、入口顺滑，品饮后口腔中有回甘生津之感，有班章韵味。在原料、工艺和年份的相互协同之下，这款茶较好地诠释了熟茶越陈越香的特性。

甜度：★★★★

浓度：★★★★

滑度：★★★★

产地：勐海

◎ 2000 年特 2 号老熟茶，外包装棉纸已经开始斑驳

◎ 2000 年特 2 号茶饼饼面

六

熟茶品饮要领

普洱熟茶的品鉴包括对其外形、香气、汤色、滋味的品鉴。同时也可以从以下四个方面来评定一款熟茶的好坏，一款好茶必定是各个方面都不会有明显缺陷的。

· 赏饼

喝茶这件事，是生活，也是艺术。早在唐代，陆羽在《茶经》就已经在教我们观察干茶各种各样的外形，以及欣赏茶饼的外形和色泽。在品鉴普洱茶的时候，赏饼以及看干茶的"仪式"一直都在。当一个茶饼、茶砖、沱茶摆在你的面前，你可以看饼的条索、颜色和茶的老嫩。许多普洱茶的形状堪称艺术品，或金毫显露，或大叶粗犷，或油润有光。

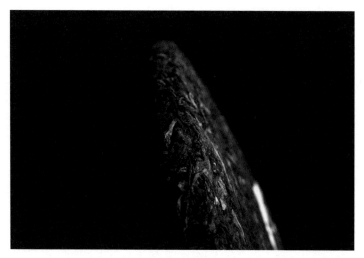

◎赏饼，工艺良好的饼，压制松紧得当，饼形周正

◎看干茶条索，金毫显露

· 闻香气

　　茶的香气可分为干茶香和冲泡之后的茶汤香。在喝茶的过程中，这两种香气都值得我们细细品味。不同的原料和拼配方式都会带来不同的香气，这也是熟茶的魅力之一。而熟茶的香型也是丰富多样的，不同阶段的熟茶其香型也是有差异的，在熟茶里面最为常见的香气便是陈香、樟香、木香、枣香。

1. 陈香

　　陈香是熟茶最为常见的香型，陈香类似药香，是熟茶的基础香型。但陈香不是单一的一种香型，陈香也不是陈味，需要区分两者。

◎闻茶香

2. 樟香

樟香也是熟茶里面的常见香型，是熟茶里面比较高级的香型，是一种类似樟树的香气。

3. 木香

木香，顾名思义，是类似木质的香气，是熟茶里面比较常见的香型。随着存放时间的加长，木质香会慢慢转化而来。

4. 枣香

枣香是一种如干枣的香气，是甜香和果香的结合，在熟茶中比较常见，也是熟茶中比较经典的香型。枣香在原料相对粗老的熟茶中比较常见，因为粗老叶中含糖量比嫩叶高，所以在发酵过程中生成的可溶性糖也较多，当糖的甜香达到一定水平时，就能和其他香气混合表现出枣香。

5. 桂圆香

桂圆香嗅起来如桂圆干，通常在一些级别比较高的熟茶中出现，桂圆香和枣香比较接近，但更加清新，通常桂圆香也出现在发酵程度较高的熟茶中。

6. 坚果香

坚果香是一种类似坚果的香气，比较常见的香气有杏仁香、松子香等，坚果香是果香与油脂香的混合香，年份较长、陈化度较高的熟茶里会出现坚果香。

7. 菌香

菌香是一种类似于野生菌的香气，比较常见的菌香可以参考松茸的香气，菌香是熟普里面一种较为高级的香气，因此也常见于一些高品质的茶里。

8. 焦糖香

焦糖香是一种类似烤面包、烤饼干等烘烤食品里产生的甜香，烘干充足或火功高可使香气带有饴糖香。在熟茶里面出现焦糖香意味着其经过了相对高温的烘烤。

9. 药香

药香是类似中药的香气，药香其实是存放很久的草木的香气，在陈化的熟茶中可以感受到药香。南方天气较为潮湿，熟茶陈化得更快，因此药香也常见于在南方存放的熟茶中。

10. 参香

参香是一种类似人参的香气，在熟茶中有和人参香气成分类同的部分，因此在熟茶里也常见参香，跟人参的香气相比，熟茶的参香更偏甜香一些，而人参本身的香气则偏药香一些。

· 观汤色

    熟茶的汤色通常是评定熟茶优劣的因素之一。刚发酵完成的新茶颜色较深，透明度较差，随着存放时间变长，汤色会逐渐变浅变得透亮。年份较长的熟茶汤色一般为酒红色，透亮或明亮，而一些品质较差或仓储不佳的熟茶茶汤会显得浑浊。

· 品滋味

熟茶滋味的评定简单来讲就是指一款茶是否好喝，在喝的过程中是否出现不愉悦感，好的熟茶必定是滋味醇厚干净、喝后身心舒适的。在熟茶的滋味描述中，厚、滑、纯、润、甜是最为常见的。

1. 厚度

厚是指茶汤入口后的一种黏稠感，厚度和茶汤浓度并不相同。厚与普洱茶质地有关系，茶汤在一定的强度、溶于水中物质成分较多时，在口感上就会比较浓厚稠密。而浓度是指茶叶的浸泡时间较长，或者投茶量较多时，茶汤就较浓。

2.滑度

滑度指的是熟茶的"柔和感"，类似喝米汤一样的感觉。滑度也和茶汤的厚度有关系，茶汤越醇厚，相应的滑度也会越明显。品质好的茶汤进入口腔稍停片刻，通过喉咙流向胃部圆润而自然，喝后会觉得很舒服，适口度佳；而品质不好的茶汤会有"锁喉"之感。

3.润度

润度对于熟普来说是必需的，优质的熟普品饮过后给人的感觉是温润如玉、如沐春风。冲泡了三四泡之后的熟茶汤，口腔内不干不燥，咽下去之后整个肚子是温暖舒适的，这就是熟茶的润度的体现。

4.甜度

甜度算是品鉴熟茶最简单、最直观的一个方面，好的熟茶在茶汤还未入口之时就能闻到甜香，此外，熟茶几乎没有苦涩味，茶汤入口之后与舌面接触就能很快感受到甜度，并且会在口腔里蔓延开来，绵长持久。

5.纯度

纯度是熟茶发酵工艺精湛与否的重要指标，发酵的环境是否卫生、方法是否正确、发酵程度是否合适、储存环境是否理想都可以从茶汤的纯度来考量。纯度好的茶汤喝起来让人感觉非常干净舒服，不会有任何异杂味。如果喝起来有异味，说明在制作的过程中卫生条件不达标，或者是后期存放的时候被污染了。

·熟茶调饮

普洱熟茶很温和，具有较强的包容性，所以熟茶也可以做酥油茶，做调饮。熟茶的调饮可以追溯至酥油茶，后来出现的花草普洱茶的拼配，都是属于熟茶的调饮。

小青柑

小青柑是近年来出现的网红茶品，外表是青柑壳，里面是普洱熟茶，因此小青柑也属于熟茶的调饮茶品。在熟茶的调饮里，小青柑可谓是一个成功的案例，最近几年，小青柑的出现为传统普洱茶市场注入了新的活力，在滋味上，小青柑也打破了大众对传统普洱茶的认知。

小青柑的制作工艺较为复杂，步骤较为烦琐。

（1）选果：选择每年的7—8月采摘的柑果；

（2）开果：将果蒂连一部分柑体切开成"盖子"；

◎小青柑

◎小青柑冲泡

（3）挖果：一般是通过人工进行挖果，挖果环节要确保柑果内无残留果肉，保证柑果美观、卫生、完整，然后还要再清洗一遍，把果肉汁和果肉渣洗干净，保持柑皮的纯正；

（4）摊晾：将柑果摊晾控水，保证柑果干爽，以便填茶使用；

（5）填茶：在柑壳中填入普洱熟茶，装好茶叶后，把切掉的小帽子盖上；

（6）杀青：杀青是小青柑加工的关键步骤，一般采用低温烘焙杀青或者蒸汽杀青。杀青的目的一方面是杀菌消毒，一方面是去掉柑皮的麻涩味，并将果皮里的一些苦涩物质转化成甘醇的香气；

（7）干燥：将已经填装好的小青柑进行干燥。

在干燥环节，小青柑有三种不同的干燥方式：低温烘干、全生晒、半生晒。

低温烘干是指在杀青后采用机器烘干的方法进行干燥。

半生晒是指在干燥的过程中既有日光晾晒又有低温干燥，一般是在普洱茶填入柑果内以后，利用阳光晒除部分水分后，再使用机器控制温度进行烘干。

全生晒即普洱茶填入柑果内以后，全程利用阳光炙晒，令柑皮脱水，使茶味和柑果味得以相互融合。但全生晒对天气的要求比较高，人工成本也较高。七八月份是广东的梅雨季节，在全生晒过程中如果遇到下雨就不得不将其进行烘干，这样，本打算全生晒的小青柑也变成了半生晒。

不同的干燥方式下的小青柑外形、香气、滋味上也有差异。机器烘干的小青柑，因为受热均匀，所以外观色泽均匀，同时香气也会更加高扬一些，甜度也高；全生晒的小青柑因为日光受热不均匀，所以外表皮的色泽分布也不均匀，香气也会更偏向清淡的柑香，柑味也较为稳定；半生晒的小青柑则介于两者之间。

陈皮普洱

陈皮普洱是比较常见的熟茶拼配茶品，也是比较经典的熟茶拼配口味。陈皮普洱茶综合了陈皮独有的果味清香和云南普洱特有的甘醇爽甜，配搭成了风味一绝的清甜甘美。熟茶的陈香和陈皮果香混合在一起，使得茶品更加有新意，滋味上也更加丰富。

熟普与陈皮的搭配关键在于熟普与陈皮的选择，品质好的陈皮搭配熟普冲泡会使得整体滋味协调丰富，而如果是新皮或者是一些霉变之后再晒干的陈皮则会影响整体的滋味。

方法：取适量的普洱茶放入杯中，并加入适量陈皮，一般建议熟茶陈皮比为10:1，加入热水，第一泡倒掉不喝；第二泡冲入热开水即可。

◎陈皮和普洱茶很搭

玫瑰普洱

玫瑰普洱也是常见的熟茶拼配茶品,玫瑰花和熟茶进行搭配使得熟茶在滋味上更加丰富。玫瑰普洱操作起来也相对简单,适合家庭品饮。

方法:将普洱茶放在杯中,加入热水,第一泡倒掉不喝;在第二泡中加入玫瑰花,冲入热开水即可。

◎玫瑰普洱

熟茶奶茶

熟茶奶茶的制作一点都不复杂，一杯好喝的奶茶只需要以下三步就可以完成。

（1）撬茶，烧水，准备好牛奶。制作奶茶的熟茶采用闷泡法，滋味会更加醇厚。至于熟茶的用量则取决于品饮人数，一个人饮用采用盖碗7克的茶量，闷泡1分钟左右即可，多人饮用则可以采用保温壶闷泡；

◎自制普洱奶茶

（2）过滤茶汤至玻璃杯／玻璃壶中，这里展示一人份的品饮，所以采用玻璃杯；

（3）在放有茶汤的玻璃杯中加入牛奶，建议茶汤牛奶比例为3:1，可根据个人喜好进行调整，茶汤和牛奶混匀后可根据个人喜好加入糖或者蜂蜜。

· 不同场景下怎么喝熟茶

熟茶作为一款包容性很强的茶品，它可以满足各种场景的需要，无论是外出游玩还是聚餐，都宜喝熟茶。

外出游玩

春天来了，很多人都喜欢出门踏青，去接近大自然，去感受春天的气息；夏日炎炎，找一个树林阴翳的地方，三五好友摇着扇子，一边喝茶一边闲谈；枫叶红时，到一个充满烟火气的公园或者是安静的山脚之下，感受秋高气爽。这些场景，熟茶最宜，你只需要准备一个保温壶，将熟茶放入进行闷泡，闷一壶可以喝一整天，满足外出时的喝茶需求，建议茶水比 1:80—100，长时间闷泡，熟茶的口感会更加浓、厚、醇、滑。

◎准备一个保温壶，就可以把熟茶带到户外与朋友分享

冬日围炉煮茶

漫漫寒冬之时，拥有一杯温暖的熟茶，就如拥有了一个温暖的陪伴。熟茶是冬天的必备茶品，而在冬天围炉煮茶则是熟茶的首选喝法。三五好友相约，备炭、烧水，茶在壶中翻腾、飘出的阵阵茶香，围在炉火旁边，手持茶杯品味一款温暖的熟茶。

看书学习

在看书之时，则可以选择精致的玻璃小茶壶，建议选择带有内胆装置的茶壶，这样可以避免专心看书而导致茶汤泡得过浓。

◎看书学习，有茶相伴

旅行喝茶

有喝茶习惯的人，在旅行之时也会随身携带着茶，而龙珠熟茶则满足了旅行喝茶的需求。一颗小小的龙珠熟茶，搭配一套便捷的旅行快客杯，有茶香陪伴的旅途会很惬意舒心。

打游戏和追剧时

茶包的发明不仅仅是针对办公喝茶，还可以满足各种需要便捷喝茶的场合，例如：打游戏和追剧时。一个简易的茶包配合一个马克杯或者玻璃杯，使得喝茶变得简单而生活化。

火锅聚餐大壶冲泡

熟茶和火锅是最搭的，熟茶的绵柔醇滑可以包裹住火锅的麻辣，在吃火锅时喝一杯熟茶既可以解油腻又可以减缓麻辣。在吃火锅时，可以采用大壶冲泡熟茶，投茶量建议适当少一点，避免冲泡时间过长导致茶味过浓。熟茶有减脂的功效，边喝熟茶边享用大餐，让减肥的人也毫无压力。

办公喝茶

作为一个普通职员，在办公室想喝茶但又不好拿着一套工夫茶具冲泡，这时候选择袋泡熟茶加马克杯或者玻璃

◎熟茶佐餐，可以解腻解辣

杯则是明智之选。一个小小的茶包，往杯子里一放，注水冲泡，简单好喝的熟茶便可品饮了。

厨房里的熟茶

熟茶除了可以泡着喝，还可以作为食材加入菜肴和主食的制作当中。普洱茶能让菜品充满茶叶的清香，又可以帮助我们在吃了油腻的主食之后清理肠胃，让我们一起来看看熟茶可以做什么好吃的吧！

◎办公室喝茶，关键是要方便

◎用袋泡熟茶制作熟茶馒头，比较方便获得茶汤　　　　　　　◎用熟茶水和面

熟茶馒头 / 包子

操作难度：低

滋味提升：普通

视觉表现：优秀

制作熟茶馒头 / 包子，几乎人人都可上手，只用将平常和面的清水换成深红透亮的熟茶水即可。

第一步：为了快速获取熟茶水，我们选取了浸出较快的茶包泡茶，这样既好掌握熟茶水颜色变化的深浅度，也免去了过滤茶渣的步骤，且成本较低，是厨房快手做法的不二首选。

第二步：茶面相遇。取适量酵母粉，倒入温水中融化，

◎熟茶汤发面，会有更多的微生物参与发酵 ◎有茶香的熟茶馒头

让酵母发酵，如果想要做带甜味的馒头／包子，可以准备
适量白糖水；之后，再准备适量面粉，在面粉中间挖一个坑，
先下酵母水，再下白糖水和冷却的熟茶水（倒入量可根据
想要的成品颜色进行适量调节），用筷子搅拌；接下来就
是手工揉面，揉好放置发酵到 1.5 倍大；再将发酵好的面
团揉至没有气泡；分成适量大小，揉搓成团，或包取馅料
做成包子。

　　第三步：将包好的包子或揉成小团后的馒头冷水下蒸
笼，冒气蒸 20 ~ 25 分钟即可开盖出锅。根据添加浓度不
同的熟茶，制作出的熟茶馒头／熟茶包子，各有各的看头。
吃的时候佐一杯袋泡熟茶，体验感也是极佳的。

　　☆小贴士：一定要把握好酵母的量和发酵时间。

熟茶煮饭

操作难度：低

滋味提升：普通

视觉表现：优秀

熟茶煮饭几乎是零门槛的操作，只要你有熟茶，只要你会用电饭煲煮饭，这道"茶餐"可以说是零失败的。

第一步：撬茶，烧水，准备茶汤。熟茶耐泡，你撬7克的量，只取200毫升茶汤煮饭的话，茶不要倒了，吃完饭可以接着喝。如果你准备的是一顿比较丰盛的餐食，这泡熟茶在饭后可以替你消食。

第二步：茶米相遇。用清水淘好米之后，把准备好的茶汤倒入米中，你会看到米逐渐被染色，如果你想让米饭颜色深一些，可以静置浸泡一段时间。煮米水根据米的软硬和个人喜好调整。现在的很多电饭煲已经把水和米的刻

◎准备米和熟茶汤

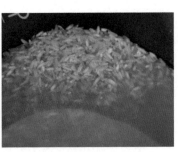
◎用熟茶汤作为煮米水

◎有茶香、有茶色的米饭

度标在电饭煲上了。我的经验是将食指紧贴米，水差不多与食指的第一个关节平齐就可以了。

第三步：关上电饭煲，等待。

第四步：开盖，一碗熟茶色的米饭大功告成。用尽全力闻了闻，嗅到一点点陈香。

☆小贴士：希望茶香浓郁的话，可以把茶汤泡浓一些。

熟茶红烧排骨

操作难度：一般

滋味提升：优秀

视觉表现：一般

第一步：烧水，泡熟茶，按排骨的量准备茶汤的份量。500克排骨差不多准备750毫升左右的茶汤即可。

第二步：焯水，切好排骨冷水下锅，焯水过程中全程开锅盖，把沫子打出来，耗时5～10分钟左右。

第三步：焯水后把排骨沥干，有条件的话可以用开水冲洗再沥干，沥干之后准备下锅炒糖色。

第四步：炒好糖色之后，放入排骨，以及姜、葱、大料等一同翻炒。排骨水分炒干、炒黄之后，倒入准备好的熟茶汤，茶水没过排骨两指即可。大火炖开后小火再炖一小时左右即可。出锅前放盐收汁。

◎红烧排骨作料，有姜片、香叶、大料、桂皮、熟茶等

◎焯水

◎用事先准备好的熟茶汤熬煮排骨

◎收汁，熟茶红烧排骨完成

☆小贴士：熟茶汤代替白水炖排骨，排骨的颜色会更深一点，而且还带有淡淡的熟茶香，吃起来不会觉得太腻。

熟茶糯米鸡

操作难度：高

滋味提升：优秀

视觉表现：优秀

以茶入菜简单，以茶入大菜却不简单，这道熟茶糯米

◎熟茶糯米鸡

鸡势必会是一道惊艳四座的菜肴。

　　第一步：选择 8 ～ 10 个月大的农家土鸡，整鸡去骨。

　　第二步：取熟茶 8 克，润茶一遍后，以稍微湿润的状态倒入 100 克糯米中，再加入适量香菇、花生、宣威火腿拌匀后，一并填入鸡肚子中。

　　第三步：将装好糯米、茶和辅料的鸡放入蒸锅中蒸 2.5 个小时。

　　第四步：将蒸好的鸡再放入油锅中炸一遍，时间不宜长，使外皮酥脆焦黄恰到好处。如果此时你正好还有泡过的生茶叶，也可以一并入锅油炸，最后洒在鸡上面以作点缀。

最后，便是摆盘，这样的大菜需要精心装点才对得起耗在其中的三个小时。熟茶糯米鸡外酥里嫩，鸡肉的鲜甜融合略带咸味的糯米，香气中裹挟着米香与茶香，实在享受。

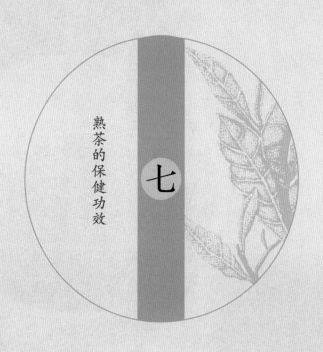

七

熟茶的保健功效

© 阳光下的熟茶汤

这几年普洱熟茶的市场越来越大，受众也越来越广。与周边朋友交谈，突然发现，以前无论我如何费尽心思地劝解也不喝茶的朋友开始喝起了普洱熟茶，问其原因，无外乎因为熟茶有刮油减肥、消食降"三高"、润肠护胃等作用。喝茶喝健康这个观念是许多喝普洱茶的茶友都深信不疑的。

我国著名茶学家、茶叶生物化学学科的创始人王泽农先生于 1994 年出版的著作《万病仙药茶疗方剂》[1]，书名听起来颇有趣，翻开内容却是严肃的科学论述，值得认真读去。王泽农先生在其中详尽阐述了茶叶营养、保健和药用成分，以及历代茶叶功能和近代茶叶药效的研究成果，虽觉得有些言过其实却也言之有物。如此说法还可以追溯到唐代中药学家陈藏器，他在其著作《本草拾遗》一书中说："诸药为各病之药，茶为万病之药。"实在是不夸张不足以表达茶叶功效之万般好。新时代的宣传手段也要与时俱进，严肃活泼。但是我忍不住开始认真地思考和查阅关于普洱茶的相关保健功效及价值，从科学中寻找答案。

自茶叶诞生起，古人的智慧和想象力让神奇的东方树叶觉醒，风华万千，在不同历史时期承担着不同的角色。于周朝，它是敬献祖先的珍贵祭品；战国，它是桌上的菜

---

[1] 王泽农 . 万病仙药茶疗方剂 [M]. 北京 : 科学技术文献出版社 , 1994.

食；到了西汉，茶叶变成高贵的饮料，为皇帝贵族所独享；随着佛教传入东晋时期，茶成了参禅打坐的良伴；至唐，茶成了贡品，并为此建立了相关的"贡茶"制度；宋代，饮茶成为文人骚客间最乐此不疲的雅趣；后至明清，茶叶又变为重要的贸易商品。[1] 上至周朝，下到明清，茶叶一直在国家和普通民众的生活中占有一席之地。而在我们利用茶叶的历史中，药用是它扮演得最长久的角色。

联想到古往今来"长生"一直是人们的恒愿这一原因，那茶叶的功效及其价值被人们所看重和研究，也就没什么可惊叹的了。

普洱茶虽然产自"西南夷极边地"，但是自明朝以来，成为闻名于天下的名茶，至今不衰。究其原因，在于品质上"味最酽"和药效上"最能化物"两个主要方面。赵学敏《本草纲目拾遗》中对普洱茶的评价是"性温味香"，对药性的阐述是"味苦性刻，解油腻牛羊毒，虚人禁用，苦涩，逐痰下气，刮肠通泄"。通常认为，普洱茶不仅可解渴提神、明目益思，而且在醒酒清热、消食化痰、清胃生津、抑菌降脂、减肥降压等方面的药效力尤甚。[2]

至清代，普洱茶的高光时刻来临。

金易、沈义羚在《宫女谈往录》中说："老太后（慈禧）

[1] 陈椽. 茶业通史 [M]. 2 版. 北京：中国农业出版社，2008:275.
[2] (清) 赵学敏. 本草纲目拾遗 [M]. 北京：中国中医药出版社，2007.

◎《清代贡茶研究》一书中多次提到了
云南普洱茶贡茶的品饮和药用价值

进屋坐在条山炕的东边，敬茶的先敬上一盏普洱茶。老太后年事高了，正在冬季里，又刚吃完油腻，所以要喝普洱茶，因它又暖又解油腻。"冬饮普洱、夏喝龙井已经成为时人饮茶风尚。[1]

清代著名学者祁韵士在《西陲竹枝词》中写道："水寒端合饮熬茶，大叶粗枝亦足夸。随意浓煎同普洱，龙团不重雨前芽。"可见当时普洱茶不仅为皇室所爱，更是世

---

[1] 万秀锋. 普洱贡茶在清宫中的使用考述 [J]. 农业考古, 2012(5): 314–319.

人日常相伴的佳品。

普洱茶的药用功效，大半都出于清人的记载。而云南作为茶树之源，茶叶利用历史相当长久。出现这种情形，大概是因为普洱茶制法的探索延续了数百年才最终确实下来。

在唐代樊绰《蛮书·云南管内物产第七》中所谈："茶出银生城界诸山。散收，无采造法。蒙舍蛮以椒姜桂和烹而饮之。"而宋代李石《续博物志》："茶出银生诸山，采无时，杂菽姜烹而饮之。"依然是较为粗放的利用方式。普洱茶这一宝藏，直到明代后期才为世人所重视，普洱茶的采造法，就像是中药的炮制一般，缔造了普洱茶卓绝的功效。

明代谢肇淛《滇略》中记载："士庶所用，皆普茶也，蒸而成团……"这已有了我们所熟悉的形制，古时普洱茶制成散毛茶后蒸而成团，这个时期的普洱茶的变色，先是在蒸揉成形后的长时间自然阴干过程中实现，再之，是在马帮驮运等贩运途中变色。茶叶从西双版纳产区运销到西藏和东南亚及香港各地，需时半年左右，其中大部分时间是在气候潮湿的滇南地区 [1]，这些经历造就出普洱茶"后发酵"的实际结果——具备发酵食品的益处。

---

[1] 陈以义 . 普洱茶史的考证 [J]. 茶业通报 , 1987(1): 18-23.

现代普洱熟茶的工艺流程有所演变，但是核心的"后发酵"被更加细致、更科学化地掌控，以晒青毛茶为原料进行潮水渥堆发酵，在微生物一系列的生化作用下形成了现代普洱熟茶陈香显著、色泽红褐、滋味醇和的独特风味。以功效而言，福建中医学院盛国荣在《茶叶与健康》（1977年）一文中谈到普洱茶的药用作用如下：苦涩无毒，清胃，生津，消食，通泄，醒酒，解油腻，解毒，治喉颡热。[1]

所有功能的本质，是其中含有的物质在发挥作用，普洱熟茶的主要成分包括茶多酚、儿茶素、咖啡因、没食子酸、茶多糖、茶褐素、茶红素、茶黄素、水溶性蛋白质、总黄酮和游离氨基酸等。这些成分之间有着紧密的联系，比如儿茶素占茶多酚总量的 70% 以上，EGCG（表没食子儿茶素没食子酸酯）是儿茶素的一种，而茶黄素、茶红素是儿茶素不断氧化的产物，茶褐素是茶黄素、茶红素继续氧化、聚合而成的，没食子酸是 EGCG 在单宁酶催化作用下形成的。

而润肠护胃、降血脂、降血糖、防治心血管疾病、抗氧化等此类功效，正是在这些成分的密切作用下，最终环环相扣，一步步得以实现。

[1] 陈椽. 茶药学 [M]. 北京：中国展望出版社, 1987:26.

·护肠胃，普洱茶真的好

　　普洱茶不是药，对身体的作用不能称作疗效，但是功效真的好。

　　孔子说："吾十有五而志于学，三十而立，四十而不惑，五十而知天命，六十而耳顺，七十而从心所欲，不逾矩。"年过七十，便能随心所欲却不逾矩，这时候早就形成了自己的生活方式，不求改变。早几年送普洱熟茶给家里年过八旬的老人，他一开始十分抗拒，说一辈子没有喝茶的习惯。我想老人当时想说的可能是："这一大坨是什么东西？"

　　后来，老人家本着不能浪费东西的观念，勉为其难地开始喝我送的茶。万万没想到，两个多月后，老人主动联系我说，上次那茶不错，如今快喝完了，让我再拿些过去。一问才知道，老人觉得不错的原因是通便，感觉身体很轻松。老年人的需求就是这么朴实无华，不知保温杯泡枸杞的"90

后"养生一代是不是也有这样朴实的需求？

清人吴大勋在《滇南闻见录》中云："团茶，能消食理气，去积滞，散风寒，最为有益之物。"这里团茶和今天的普洱茶在内质上已经很接近了。更明确的，同时代的阮福在《普洱茶记》中说普洱茶能"消食散寒解毒"。这本书还说："普洱茶名重天下。味最酽，京师尤重之。"满族的祖先是中国东北地区的游牧民族，以肉食为主，需要辅以饮茶消食，于是有着显著消食解腻功能的普洱茶成了"京师尤重之"的根本需求。这方面，清人为我们进行了实践的检验。

那么普洱茶为什么能消食弃毒、理气去胀、利肠通泄呢？一是能够促进胃肠蠕动，帮助食物消化；二是能够通过调节肠道菌群的方式，改善人体的代谢综合征。

胃肠道是人体的主要消化吸收场所，食物的消化主要依靠胃肠的运动来完成。胃肠道的运动功能通过平滑肌产生动作电位，发生收缩而实现胃肠蠕动，消化食物。相关科研人员利用小白鼠进行过在体实验，一半数量进行普洱茶灌胃，一半数量以生理盐水灌胃作对照组。结果表明，在普洱茶的参与下，食物在肠道的推进距离显著增加，说明普洱茶有助于增加肠动力。

这确实是对"便秘"的巨大利好。

便秘可以分为功能性便秘和器质性便秘两大类。

器质性便秘是指腹腔内、大肠、肛门等器官出现了器质性病变，影响了粪便的正常通过和排出，此种类型"普洱神药"无能为力，需尽快就医。功能性便秘有一种可能的原因是：胃肠道运动缓慢或肠道所受刺激不足，食物中纤维素和水分不足。而饮用普洱茶不仅可以促进胃肠蠕动，在饮茶的同时自然也摄取了足够的水分，排便效果非常显著，但这只是普洱茶的辅助作用。

另外，通过调节肠道微生态等途径，普洱茶可以改善饮食诱导的代谢综合征。

1988 年，Reaven 首次提出 X 综合征，包括胰岛素抵抗、高胰岛素血症、脂质代谢紊乱和高血压。代谢综合征的组成主要包括肥胖、血脂异常、葡萄糖耐受和高血压，是一组复杂的代谢紊乱症候群，是导致糖尿病、心脑血管疾病的危险因素。而含酚类物质和咖啡因的后发酵普洱茶能改善饮食诱导的代谢综合症，与肠道菌群的重塑密切相关，肠道菌群中的 AKK 菌（嗜粒蛋白 – 艾克曼菌）和FPR 菌（柔嫩梭菌）是种属水平上的关键微生物。

在对志愿者 30 天的普洱熟茶临床干预中，发现肠道中的 AKK 菌和 FPR（柔嫩梭菌群）丰度有显著提高。而在小鼠的肠道菌群研究中发现，AKK 菌的增加显著地改变了机体组成和高脂饮食小鼠的能量转化效率，促进了腹股沟白色脂肪组织的褐化，改善了脂代谢紊乱，对糖代谢也有一定的调节作用，表明 AKK 菌能够改变人体组成和能量效率，促进白脂肪组织褐变并改善脂质、葡萄糖代谢紊乱；而柔嫩梭菌群可以显著降低高脂饮食诱导的肝脏和肠道炎症反应。

AKK 菌和柔嫩梭菌群改善代谢综合征的作用机制对于脂代谢、糖代谢、胰岛素抵抗都有改善作用。因此我们可以简单推断，普洱熟茶是通过改善肠道微生态的方式，形成了其独特的降脂、降糖、减肥的功效。

·减肥，功不可没

　　普洱茶在最近 20 年走进人们的视野，"减肥"两个字功不可没。

　　这也是新时代永恒的主题。无论是你真的胖还是你觉得自己胖，脂肪其实是来自美食的奖赏，只不过这奖赏我们不想要。犹记得 2002—2003 年在电视上看到普洱茶减肥的各种广告宣传和类似健康访谈节目的电视销售，红浓明亮的茶汤，在演播室的灯光下，让人垂涎欲滴，跃跃欲试。当时还不知道普洱茶为何物，只记得它能减肥。普洱茶给大众的第一印象，就是熟茶，就是功效，就是减肥伴侣。

　　要解决问题，先要理解问题；要解决胖，先要理解为什么会胖。首先是要有食物的输入，产生热量的结余——喝凉水都胖这种事情其实是不存在的，这是中文语言夸张的修辞手法——而后人体会把多余的热量以脂肪的形式收集起来，以备不时之需，脂肪一积累自然就胖了起来，而且一胖胖全身（如果我们能像骆驼一样在某个指定位置收集这些"能量"，就没什么可焦虑的，甚至可能因此形成新的审美）。脂肪的积累大致可以分成两种，一种是把食物中的脂肪转化成为我们身上的脂肪，还有一种，是食物中的糖通过胰岛素转化成为脂肪。

食物中的脂肪是怎么进入我们的身体的呢？当然是吃。这么简单粗暴的回答显然不具备科学的美，那么从科学的角度，食物的脂肪怎么变成了我们的脂肪呢？食物进入肠胃后，胆汁盐酸在小肠中将食物中的大脂肪滴乳化成小脂肪滴，这是物理消化；而后肠内的脂肪酶，消化（食物的）甘油三酯，形成脂肪酸和甘油，这是化学消化；脂肪酸和其他消化产物被小肠黏膜细胞吸收，并再次合成（我们的）甘油三酯；甘油三酯与胆固醇、磷脂和载脂蛋白混合成乳糜微粒，乳糜微粒通过淋巴系统和血液输送至组织，在组织毛细血管中的脂蛋白脂肪酶催化乳糜颗粒形成脂肪酸和甘油；脂肪酸进入细胞作为燃料氧化，或者再合成脂肪并储存，甘油转运至肝脏和肾脏。

整个流程大体简化为：甘油三酯（脂肪酶作用下）→脂肪酸＋甘油→甘油三酯（胆固醇、磷脂和载脂蛋白）→乳糜颗粒（脂蛋白脂肪酶）→脂肪酸＋甘油→氧化释放能量／合成脂肪储存。

到这里，我们的普洱熟茶就要上场了。

关于普洱茶的减肥作用，最早研究的日本学者 Mitsuaki Sano 在 1985 年的实验证明，给高脂大鼠饲喂普洱茶可以降低高脂大鼠血浆内的胆固醇和甘油三酯含量，显著降低高脂大鼠腹部脂肪组织重量（Sano, et al., 1986）。2005 年，Kuo 等一些学者的实验结果表明，正常大鼠饲喂普洱茶 30 周后，体重、胆固醇和甘油三酯含量均显著降低，且降低幅度大于其他茶类，同时低密度脂蛋白胆固醇降低，而高密度脂蛋白显著升高，抗氧化酶 SOD 活性较对照度高（Kuo, dt al., 2005）。

近些年人体临床实验的结果使得普洱熟茶的减肥功效更加明确。高晓余 2017 年的研究显示，健康青年志愿者常规剂量饮用普洱茶 30 天，尽管各项血生化指标就单个个体而言并没有发生明显的变化，但统计分析表明，部分血生化指标发生了令人吃惊的变化：（1）普洱熟茶干预 30 天降低了健康青年志愿者的腰围/臀围比值，干预前后差异极显著（$p<0.001$）），说明普洱熟茶能够减少腹部脂肪；（2）HDL–C/LDL–C 比值显著上升（$p<0.05$））。低密度脂蛋白 LDL–C 是造成"血管堵塞"即动脉硬化的真正元凶，它可以运载血液中约 60% ~ 80% 的胆固醇、甘油三酯等进入血管内皮，聚积在动脉内膜中或附着在血管壁上，形成硬化斑块，阻塞血管，引发心脑血管疾病，可以理解为坏

的脂蛋白。血液中高密度脂蛋白 HDL-C 的作用与 LDL-C 恰恰相反，它兼有"清洁工"和"运输队长"的双重任务，我们称它是血管保护因子、抗动脉硬化因子，是好的脂蛋白。HDL-C/LDL-C 比值显著上升，就能抑止动脉粥样硬化斑块的形成，并且能清除已经形成的硬化斑块，使血管软化，血流畅通，缓解相关症状。

这些结果表明，普洱熟茶在脂质代谢方面有着良好的功效，在能够减脂的同时抵抗动脉粥样硬化。

· 普洱熟茶如何帮助减少脂肪

　　在不同剂量、浓度的普洱熟茶对高脂模型大鼠进行的灌胃实验中，可以明显地降低高脂大鼠血清内的总胆固醇（TC）含量和甘油三酯（TG）含量，且降幅远大于其他茶类。胆固醇和甘油三酯少了，自然后续能够生成的脂肪酸和甘油就少了。初始物减少，脂肪不会无中生有，积累便减少了。可以理解为，"脂肪"还没有形成就被普洱茶请出去了一部分。陈婷2011年关于提取茶褐素对高脂血症大鼠的研究表明，茶褐素是降血脂的有效物质，是由多酚类、茶黄素、茶红素进一步氧化、聚合转化而成。而普洱熟茶在以晒青毛茶为原料的渥堆发酵中，茶褐素（TB）大量增加，成为普洱熟茶的特征物质，这也可能是普洱熟茶在减肥效果上优于其他茶类的因素。

　　同时，人体在肝细胞中合成脂肪却不能存储脂肪，当肝合成的甘油三酯不能及时转运出去，就会形成脂肪肝。甘油三酯的减少，可大大降低形成脂肪肝的压力。

人体合成及储存脂肪的仓库叫作脂肪细胞，脂肪细胞数量的增加和体积的增大就是我们的肥胖的最直接因素。普洱茶中的EGCG能够在细胞不同的生长期以剂量效应和时间关系抑制细胞的分裂，并且诱导前脂肪细胞凋亡。其作用机理是诱导了细胞凋亡蛋白酶3（caspase-3）的活力增加。说到酶，这种专一高效的蛋白类物质是许多反应的桥梁，脂肪酸和甘油的生成离不开各种脂肪酶的作用。同样是EGCG（表没食子儿茶素没食子酸酯），还能够抑制消化脂肪的胃脂肪酶和肠脂肪酶，以此方式抑制脂肪的吸收。EGCG可以抑制脂质生成酶的活力，刺激脂肪氧化，通过抑制酶的活性，普洱茶可一边减少脂肪的吸收，一边刺激脂肪氧化，双管齐下，疗效更佳。

所以清人方以智在《物理小识》中云："普洱茶蒸之成团，西蕃市之，最能化物，与六安同。" 这个"化"字用得恰如其分，当传统的实践经验和现代的科学论证在普洱茶上相遇，它的降脂功效显得更加真实可信。

· 普洱茶是如何降糖的

还有一种脂肪生成途径，就是"糖"。

食物中的淀粉在小肠被胰脏分泌出来的淀粉酶水解，形成的葡萄糖被小肠壁吸收，进入人体使血糖升高。血糖的升高引起胰岛素的分泌，对脂肪细胞和肌肉细胞（这两种细胞占到人体细胞总数的2/3）发起信号：一方面，这两种细胞会主动摄取血液中的葡萄糖而让血糖恢复平稳；另一方面，胰岛素信号还能使丙酮酸和柠檬酸更多转化为乙酰辅酶A，后者是脂肪酸合成的原材料，刺激甘油三酯的合成过程，最终会膨大脂肪组织和肌内脂肪堆积。

所以，我们的脂肪不仅仅有直接摄取的，更多是"糖"转化而来的。普洱茶中的多酚类化合物对葡萄糖苷酶和蔗糖酶具有显著的抑制效果，进而减少或延缓葡萄糖的肠吸收，达到降血糖的效果。茶多糖是茶叶中继茶多酚后的又一重要的生理活性物质，是茶叶中具有生物活性的复合多糖，是与蛋白质结合在一起的酸性多糖或酸性糖蛋白。茶叶降血糖的主要功能成分便是水溶性茶多糖。它除了帮助减脂减肥，还能防治糖尿病。

葡萄糖转化为脂肪同样离不开胰岛素，当胰岛素分泌缺陷或其生物作用受损，或两者兼有，导致碳水化合物、蛋白质、脂肪代谢紊乱，造成多种器官的慢性损伤、功能障碍或衰竭，这便是我们所知道的糖尿病。

几乎所有的糖尿病例都可归为 I 型糖尿病和 II 型糖尿病。 I 型糖尿病患者不能够产生足够的胰岛素，因为胰腺中产生胰岛素的细胞受到损害。 II 型糖尿病患者可以产生胰岛素，但是胰岛素不能发挥正常的生理功能，主要原因是胰岛素受体的敏感性下降，尽管患者胰岛素很高，但病症依然严重。

当对患糖尿病的小鼠进行不同剂量普洱熟茶连续 30 天的灌胃实验后，发现普洱熟茶能增加 I 型糖尿病小鼠的胰岛素含量，其作用可能是通过提高机体抗氧化能力和细胞免疫功能，保护胰岛 β 细胞，从而促进胰岛素分泌，取得降低血糖的效果，并有效改善小鼠"多饮""多食"症状。对于 II 型糖尿病，普洱熟茶虽然没有改变小鼠的胰岛素水平，但是通过提高小鼠对胰岛素受体的敏感性，血糖水平显著下降。非酯化脂肪酸是由脂肪组织释放的代谢产物，对胰岛素受体的敏感性起着重要的影响作用。II型糖尿病小鼠体内脂肪代谢紊乱，释放大量的非酯化脂肪酸，导致胰岛素的抵抗。普洱茶能够显著降低血清非酯化脂肪酸水平，从而提高胰岛素受体的敏感性。

有效控制血糖是糖尿病治疗的基本目标。茶多糖除了能够提高胰岛素的敏感性，促进胰岛素分泌，还能够通过抑制肠道蔗糖酶和麦芽糖酶的活性，使进入机体的碳水化合物减少，起到降血糖作用。

当血液中的葡萄糖、脂肪酸都转换成能量被细胞燃烧（消耗）完了以后，持续燃烧的细胞还需要更多能量供应的时候，碍手碍脚的胰岛素就被赶走了，肾上腺素和肾上腺皮质素就开始与脂肪组织内的酵素结合，把脂肪细胞内的甘油三酯分解成脂肪酸，并且催促脂肪酸赶紧离开脂肪细胞到肝脏内转化成能量，供应细胞继续燃烧。再加上甲状腺素加速细胞燃烧能量的速度，这时候从皮肤下层、腹腔大小网膜、肌肉间各个脂肪组织所涌出的脂肪酸就会急急忙忙地加入肝脏，而被转化成能量，这就是脂肪的分解，而分解掉的脂肪会变成水的二氧化碳。这种方式可以使人体本身的脂肪分解，减少脂肪积累，增加脂肪消耗，这是减肥成功的两个基本面。

总的来说，普洱熟茶通过降低血液中的葡萄糖、脂肪酸、胆固醇浓度，抑制脂肪细胞中脂肪的形成，促进体内脂肪氧化、分解代谢来达到减肥的效果，从而具备了预防脂肪肝、抗动脉粥样硬化和缓解糖尿病的功效。可谓是一茶三得。

· 喝茶会不会导致钙流失

喝茶导致钙流失。这是最大的谬误！第一次听到喝茶会导致钙流失进而出现骨质疏松症的话语让我着实震惊。既然有这样的说法，我们还是来小心求证一下。

认为喝茶导致钙流失的几种基本逻辑是这样的：第一种是说，茶中富含鞣酸，容易与钙结合，影响肠道的吸收和利用；第二种是说，茶叶中的咖啡因，有明显遏制钙在消化道中的吸收和增加尿中钙的排出作用。另外茶叶中含有较多的咖啡因，而咖啡因有利尿作用，能促使尿钙过度排泄，导致负钙平衡，造成骨钙流失。听起来言之有物，不过我们来推敲一下。

茶叶中有鞣酸吗？这又是一个流传很久的谬误。比如，"茶叶中鞣酸可与食物中的蛋白质、铁质发生反应，变成不易消化的凝固物质，影响人体吸收。""茶叶中含有大量鞣酸，鞣酸与蛋白质合成具有收敛性的鞣酸蛋白质，使肠蠕动减慢，从而延长粪便在肠道内滞留的时间，易造成便秘。"

鞣酸是鞣质的同义词，最初定义了一个术语tannin（音译为单宁，意译为鞣质）来表示植物水浸物中能使生皮转变为革的化学成分，它们能与皮蛋白质结合。后来通过研究认识到，植物水浸物中能产生鞣制作用的是一系列（分子量在500～3000）的多酚类化合物。因此按照传统定义，鞣酸（鞣质）是指相对分子质量500～3000的植物多酚。而茶多酚的分子量在500以下，且属于缩合鞣质范畴，缩合鞣质的特征是分子结构的苯核间彼此以共价键相结合，故不能被酸、碱水解。所以鞣酸能与蛋白质结合生成不溶于水的鞣酸蛋白，而茶多酚与蛋白质并不产生沉淀反应。这就像是猫和老虎的差别，看起来很像，凶起来根本不一样。既然茶叶中并不含鞣酸，自然也谈不上影响钙离子的吸收了。

至于咖啡因，茶叶中是真的有，而且很有趣的是，茶叶中的几种生物碱中，咖啡因含量高于可可碱，高于茶碱。以茶字命名的茶碱却含量最少，更有趣的是，茶叶中的咖啡因含量占干物质的2%～5%，而咖啡中咖啡因的含量为1%～2%。看到这里先别慌，虽然我们看到咖啡因含量很高，可茶叶是经过我们的冲泡品饮才进入人体的，这就非常不同了。

咖啡因，化学名称 1，3，7- 三甲基黄嘌呤，易溶于热水，化学性质较稳定，在茶叶加工过程中含量变化不大，主要受品种影响。有研究表示，以 93.5℃冲泡 10 分钟时，红茶中约 44.3% 的咖啡因溶解到茶汤中。

以 1 克茶为例，若普洱熟茶中咖啡因含量约为 4%，含水率 10%，以 93.5℃冲泡 10 分钟时，浸出的咖啡因为 $1g \times 90\% \times 4\% \times 44.3\% \approx 15.9mg$。欧盟食品安全局（EFSA）规定，每日摄入 400 毫克的咖啡因不会危及成年人的安全，也就是说我们每天喝 25 克茶以内，都是安全的咖啡因摄入量。更何况，10 分钟的闷泡方式实在太过简单粗暴，如果用工夫茶的冲泡方式，咖啡因的浸出率会下降。如此看来，完全可以敞开喝茶，不用惧怕咖啡因把你身体的钙离子带走啦。

骨密度是骨钙代谢中量化骨量的重要指标，也是评价骨量最有说服力的指标之一。我们还有一种更加直观的方式来探索普洱茶对骨密度的影响，就是实验。

实验采用了 100 只雄性 Wistar 大鼠，按照体重随机分为对照组，普洱熟茶低、中、高剂量组，普洱生茶低、中、高剂量组和绿茶的低、中、高剂量组（共 10 组），每组 10 只，分别按每千克体重 0.5 克、1.0 克、2 克灌胃纯净水、1 克 / 毫升试验结束后对大鼠的骨钙骨磷含量、股骨密度等指标进行测定。

结果显示，与对照组相比，高剂量普洱生茶、绿茶组及低、中剂量的普洱熟茶组骨钙含量显著高于对照组（$p<0.05$）；各试验组大鼠骨磷含量均显著高于对照组（$p<0.05$）；普洱茶（生茶和熟茶）和绿茶各剂量组与对照组相比骨密度均无显著性差异（$p>0.05$）。也就是说，长期饮用普洱茶不影响实验大鼠从食物中获取的钙离子和磷离子量，低、中剂量的普洱熟茶还能适当增加骨钙含量。不仅仅普洱生茶、熟茶，包括绿茶在内的各剂量组与对照组相比，骨密度均无明显差异。

我们对普洱茶中物质成分进行分析和推测，来反驳饮茶导致钙流失一说，同时，实验也扎扎实实地告诉我们：放心大胆地喝茶吧，我们的骨头好着呢。

· 抗氧化，清除"万病之害"

　　大家应该都听过一种说法：吃猪蹄可以美容，因为猪蹄含有满满的胶原蛋白。乍一听，觉得很有道理。但仔细品来，发现其实那只是美食的诱惑，毕竟猪蹄是真的香。一顿猪蹄过后，美容什么的不一定，刚喝普洱茶减的脂肪肯定要回到身上了。更何况，猪蹄中更多的是脂肪和胆固醇，即便食物中的胶原蛋白进入人体也并不能直接成为皮肤成分，吸收率极低。而普洱熟茶对延缓衰老也能发挥一定作用。

　　普洱茶抗衰老的方式是：清除自由基。

　　自由基是什么呢？从化学角度来看，自由基就是缺少一个电子的氧分子。自由基为了弥补这个缺憾，变得非常活泼，易于失去电子（氧化）或者获得电子（还原），会从别的氧分子哪里偷盗一个电子，致使别的氧分子遭到破坏，引发脂质过氧化。等到遭破坏的氧分子达到一定数量，皱纹、癌症等各种不良后果就开始出现了，说自由基是人体衰老的根源也不足为过。

20世纪60年代，生物学家从烟囱清扫工人肺癌发病率高这一现象中发现了自由基对人体的危害，人类才认识到了这一更隐蔽的敌人，比细菌和病毒更凶险。

人体内自由基和活性氧的生成，一方面是各种各样环境因素的自由基进入到体内，比如大气污染物质、药物、紫外线、放射线甚至抽烟等。另一方面是人体内活性的巨噬细胞、白细胞、细胞内微粒、氧化金属蛋白质、酶类、身体内物质的自由氧化等。因此，降低自由基危害的途径也有两条：一是利用内源性自由基清除系统，清除体内多余的自由基，二是发掘外源性抗氧化剂清除自由基，阻断自由基对人体的入侵。

普洱茶能够增加超氧化物歧化酶活性，催化超氧阴离子（O^-）发生歧化反应生成 H_2O_2 和 O_2，进而清除超氧化物自由基，起到抗脂质过氧化和抗衰老的作用，建立人体内源性抗氧化系统的第一防线。普洱生茶和熟茶都有很好的抗氧化作用，普洱茶抗氧化作用的环节有很多，其中主要有效成分茶多酚氧化还原电位较低，能提供质子与体内自由基结合，来清除体内过量自由基。普洱茶的茶色素含有大量活性酚羟基，具有极强的清除自由基的能力，起到了外源性抗氧化剂的作用。

无论对于功效的描述是怎样的，现代科学的严谨之处在于，我们说出一个功效，就需要找到其中相应的生理活性物质，以及这些物质产生功效的机理。比如：抗氧化抗衰老的功能物质就是茶多酚、茶色素、没食子酸等；降脂降糖缓解糖尿病的功能物质就是茶多酚、茶褐素、茶多糖等；降低胆固醇、防治动脉粥样硬化的物质就是EGCG、茶褐素、茶多糖、洛伐他汀等；具有降压安神作用的物质是茶氨酸。

普洱熟茶的独特之处就在于，云南大叶种原料的茶多酚总量、EGCG含量相较于小叶种茶高出许多。经过微生物参与的渥堆发酵过程，其茶多酚在微生物胞外酶的作用下不断氧化聚合，积累了大量的茶褐素，没食子酸酯在单宁酶催化下形成没食子酸，有着许多强于其他茶类的功效。

随着普洱熟茶的饮用群体越来越大，市面上关于普洱熟茶的功效和保健作用之类的书籍层出不穷，但鲜有人能把关于普洱熟茶几种功效之间的关系和作用原理逐一归整理顺，而我认为这点对于让人们真正地理解普洱熟茶颇为重要，故而在本书中做了尝试。

即便不看功效，普洱茶浓郁醇厚、强劲绵长的滋味也是令许多人"上瘾"的重要原因。乾隆皇帝曾在诗作《烹雪用前韵》中盛赞普洱茶："独有普洱号刚坚，清标未足夸雀舌。"

对于身处21世纪的我们来说，无须与圣人同饮，有普洱茶相伴的日子，日日便是好日。

· 喝熟茶会不会影响睡眠

当一杯红浓明亮的普洱熟茶摆在面前，很多茶友都会问，熟茶这么浓，喝了会不会睡不着？

先不急着回答会或不会。我们可以从两个角度来讨论这个问题：第一，喝茶为什么会影响睡眠；第二，看上去很浓的熟茶比其他茶更影响睡眠吗？

首先，喝茶之所以会影响睡眠，主要是因为茶中含有咖啡因。咖啡因（caffeine）是一种天然植物碱，广泛存在于茶叶、咖啡、可可之中。咖啡因是一种温和的中枢神经兴奋剂，能够暂时驱走睡意并恢复精力。茶叶中的咖啡因占干物质的 2% ~ 5%，它是茶叶重要的滋味物质和功能成分。

关于咖啡起源的讲述中，有一则这样的传说：一千多年前，牧羊人发现自家养的羊在山上吃了一种红色浆果后异常兴奋，这种浆果就是咖啡，于是人们就学会了喝咖啡。

关于茶叶的起源，也有一则很有意思的传说。这个传说说的是达摩祖师打坐思道时，上下眼皮打架，昏昏欲睡。于是他就把眼皮割下，丢在了地上，眼皮入土后长出一棵小树，这棵树就是茶树，弟子采树叶煎饮，喝了竟然可以醒神，于是人们就学会了喝茶。

茶和咖啡作为一种饮料，广受欢迎，和咖啡因关系密切。早在 20 世纪初，科学研究就发现茶叶中的咖啡因能让中枢神经兴奋，使大脑外皮层易受反射刺激，提高思维效率，消除疲劳感。茶里的咖啡因可以起到强心、促进血液循环等作用。至今，科学界对咖啡因的研究也从未停歇。

为什么喝黑咖啡通常比喝茶更提神、更容易令人兴奋呢？这是因为一杯茶里面不仅含有咖啡因，还同时含有茶多酚、茶氨酸（γ – 氨基丁酸）等物质，这些成分与咖啡因结合，咖啡因会被茶多酚络合，茶氨酸可以抑制兴奋。因此，从这个角度来讲，茶醒神，也安神。

研究发现，茶叶中的咖啡因从进入人体到逐渐分解消失或随着尿液排出体外大约需要 6 小时，但具体的代谢时间因人而异，对于咖啡因敏感人群，可能一小杯茶就会影响一整天，也有老茶客睡前喝一杯茶完全不影响睡眠。如果只是晚上喝茶睡不着的人群，建议睡觉前 6 个小时尽量不要饮茶。

2014 年，哈佛大学公共卫生学院的研究发现，咖啡因的摄入还与基因有关。喝茶是否影响睡眠，和你的基因、你的咖啡因耐受度等因素有关。

咖啡因是茶叶重要的功能成分和呈味成分，但摄取过多会给身体带来负担，甚至形成伤害，所以要科学饮茶。

第二个问题，熟茶看上去很浓，是不是咖啡因更多更影响睡眠？

与绿茶、普洱生茶相比，普洱熟茶茶汤黏稠，汤色红褐，给人的第一感觉是这个茶好浓，它会不会比绿茶、生茶更影响睡眠呢？在这里要提醒你，不要被普洱茶浓厚的外表所迷惑。研究显示，与绿茶、普洱生茶相比，普洱熟茶对睡眠影响其实较弱。

为什么呢？这要从普洱茶渥堆发酵后所产生的物质说起。

普洱茶渥堆发酵之后，总体的咖啡因含量并没有减少，但是随着普洱茶发酵程度的增加，其游离咖啡因含量逐渐降低，而结合咖啡因的含量增多。结合咖啡因含量增多之后会怎样呢？与游离咖啡因相比，结合咖啡因的兴奋功能会受到抑制。抑制作用具体是怎么发生的呢？简单来讲，发酵之后的普洱茶，会产生茶褐素，茶褐素发酵之后形成大分子，这些大分子可以结合 / 络合咖啡因，结合之后，一部分咖啡因被排泄掉，一部分则缓慢地被吸收并释放到血液里，所以喝熟茶通常不会让人觉得兴奋或睡不着。但是，如果你是咖啡因敏感人群，饮用熟茶也有可能影响你的睡眠。

　　普洱熟茶发酵还会产生一种物质——γ-氨基丁酸，也叫GABA，这种成分在熟茶里的含量相对较高。γ-氨基丁酸有一种强大的功能——安神，它能起到让人产生深度睡眠的作用。由于γ-氨基丁酸的安神作用，也能把熟茶里咖啡因的功效进行一些抵消。所以对于大多数人而言，喝熟茶不影响睡眠。

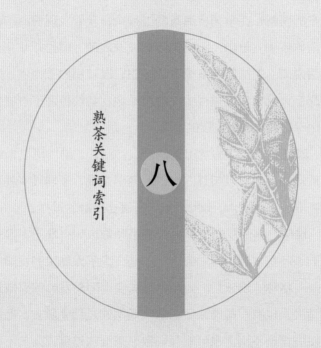

熟茶关键词索引

八

普洱茶水太深，太难以琢磨，是许多初入茶圈的茶友经常会发出的感慨。事实果真如此？还是这只是我们对普洱茶的误解？在学习普洱茶的过程中，我们发现普洱茶的知识体系确实复杂，一两句话难以说清楚，但也并非完全无法说清，关键是要多喝多读多想。以普洱熟茶为例，为了降低大家在学习过程中的难度系数，我们梳理了一些出现频率高的关键词，仅供参考。

　　渥堆："渥"的意思是沾湿、沾润，"堆"可以指堆茶的动作，也可以指茶的堆子。简单来说，渥堆其实就是把茶堆起来洒水，让茶叶开始进行固态发酵的过程。

　　堆味：熟茶发酵过程中会把茶叶堆成一个堆子，堆子里的茶叶在发酵过程中会产生一些令人不太愉快的发酵气味——俗称"堆味"。大多数堆味会伴随着发酵的完成逐渐消失，也有一些堆味会在茶叶后熟的过程中散去，但由于发酵管理不当，也可能会导致熟茶堆味过重或久久不能散去。令人不愉悦的堆味包括土腥味、酸馊味等等。

　　新工艺熟茶：新工艺熟茶一般指的就是控菌普洱茶发酵。在传统发酵的过程中，发酵师主要依靠经验判断发酵程度和阶段，而控菌普洱茶发酵则更相信数据，依靠现代微生物技术进行严格的发酵管理，在发酵前对发酵环境进行微生物控制，在发酵中进行菌种添加，让过程更加清晰可控。

小堆发酵：传统熟茶都是大堆，数吨、数十吨原料一起发酵。小堆指的就是原料规模较小的发酵。

木地板发酵：传统发酵是水泥地板发酵，木地板发酵一般是离地发酵，不让茶叶接触地面，而是在离地的木地板上进行发酵。

小筐发酵：在竹筐或木筐内进行发酵。

拼配：茶叶加工技术，分为不同季节茶的拼配、不同级别茶的拼配、不同年份茶的拼配、不同发酵度茶的拼配、不同产区的茶的拼配等等。对于普洱茶而言，纯料是相对的，拼配是绝对的。

干仓：指在温湿度较低、空气环境较好的环境中存放的普洱茶。通常而言，在这一仓储条件下，茶叶陈化较慢，茶汤香气好，口感纯正。

湿仓：相对概念，湿仓指的是在温湿度较高的环境下储存的普洱茶。在这一仓储环境下，茶叶陈化速度较快，但也有发霉和转化不佳的风险。

醒茶：老茶在开饼后需要放在存茶罐中存放数日再进行饮用，让茶叶苏醒过来，滋味更佳。在冲泡的过程中，第一道注水洗茶也称之为醒茶或润茶。

七子饼：七子饼茶大多数时候就代表了普洱饼茶，七子圆饼，每饼重七两，折合成现在的单位是 357 克。为什么是七子饼而不是六子饼或八子饼？据《大清会典事例》记载："云南商贩茶，系每七圆为一筒。"这是关于七子饼茶最早的记载，七饼圆茶紧压茶一提的包装形态是普洱茶最具代表的形态，这种形态的存在，是出于运输、计数和茶税等多方面的考量。民间也有观点认为之所以叫"七子饼"是因为"七"这个数字意喻较好。

勐海饼：在国营茶厂时期，各大国营茶厂会结合自己的优势进行计划生产。勐海茶厂主要负责生产饼茶。

下关沱：沱茶以下关茶茶厂生产的最具代表性。

昆明砖：以 7581 为代表的昆明茶厂的普洱茶砖最具代表性。

黄片：黄片，又名金飞叶。在普洱茶毛料筛拣工序中，因条索疏松、粗大、色偏黄绿，按照生产标准筛拣出来的这部分茶青，也称为"老黄片"。黄片主要因外形不佳而被拣出，但并不意味着品质不好。黄片原料口感刺激性弱、香味独特，在熟茶发酵中，黄片的甜度比较突出。

老茶头：指的是熟茶发酵过程中结成的团块茶。在发酵过程中，嫩度高、体型小、条索紧结的茶，在潮水后，茶体之间透气性差，发酵时容易结成团块。这些团块茶经过筛分，精制之后就成为"老茶头"产品。老茶头以甜度高、适合煮饮，广受消费者欢迎。

宫廷普洱：全部都是芽头的普洱熟茶，嫩度较高。冠以宫廷之名，是指茶叶级别高，产量少，稀缺且珍贵。

浑浊：茶汤不透亮，很多人会理解为这是茶有杂质或冲泡不佳带来的。但是，事实往往更复杂，大多数熟茶在发酵完成之初茶汤会稍显浑浊，但这并不能代表品质不佳，熟茶的茶汤在存放过程中会逐步变得透亮。另外，在潮湿的季节冲泡熟茶也有可能会出现茶汤浑浊。

透亮：茶汤透明度高，透亮的熟茶汤被认为品质较高。但从理化指标出发，越透亮的茶汤不一定品质越高，但是看着透亮的茶汤，心情比较愉悦，从品饮的角度来讲，欣赏透亮的汤色和品饮醇厚的茶汤都是重要的。红浓明亮和红浓透亮被认为是对熟茶最大的赞美。

耐泡：耐泡是普洱茶最大的特点之一，这是因为普洱茶是用云南大叶种加工而成，内含物质比较丰富，冲泡数次还有滋味。虽然耐泡的茶不一定比不耐泡的好喝，但它一定可以帮你省钱。

茶气：这堪称是茶界最难解释的名词之一。很多人认为喝茶后身体发热、打嗝等现象就是茶气，但也有人认为茶气是玄学，并不存在。折中来讲，茶气应该就是茶叶内含物质在茶汤中释放之后与饮茶者身体产生的互动的结果。这种感受，与茶汤浓度、品饮环境、饮茶者的身体状况以及感受力相关。关于茶气的讨论，是客观的，也是主观的。

体感：喝茶以后身体的反应。微微出汗、头晕、愉悦都算是体感。一群人在一起喝同一款茶，每个人的身体反应会不一样。

锁喉：茶汤经过喉咙带来不舒服的感觉，一般表现为喉咙干、喉咙收紧、有灰尘感等。

回甘：在这里，我们不讲回甘与水解单宁的关系。喝茶人常说的回甘，就是茶喝下去之后，口腔和喉咙有甜感。早在唐代，陆羽就说过："啜苦咽甘，茶也。"我们喝红茶，大多数时候喝到的是茶汤自带的香甜。而喝普洱茶，喝的时候不一定是甜的，但是喝完了之后觉得口腔和喉咙都很舒服，这是茶的内含物质与你的口腔互动带来的感觉。关于回甘的美，推荐阅读杨绛先生的《细味那苦涩中的一点儿回甘》。

红汤茶：可以算是现代熟茶的"前身"，这是一个很直白的命名。在现代人工发酵熟茶工艺诞生之前，潮水发酵茶叶的工艺就已经存在了。茶叶经潮水发酵或自然发酵之后，茶汤颜色由黄绿色变为红色或红褐色，故名红汤茶。

发汗茶：茶堆潮水后，由于微生物的呼吸作用，会导致茶堆温度变高、茶堆变得湿热，民间把这种现象比喻为茶堆在"发汗"。在农村生活过的人都有类似的经验，潮湿的麦秆、稻谷堆在一起会自然发热，带有水分的茶叶堆在一起也如此，你把手放到茶堆中间，会有湿热的感觉。在中药的加工过程中，也有发汗之说，厚朴、杜仲、玄参等药材在加工过程中用微火烘至半干或微煮、蒸后，堆置起来发热，使其内部水分往外溢，变软、变色，增加香味或减少刺激性，有利于干燥。

边销茶：边销茶，顾名思义专门销往边疆少数民族地区的茶，国家对边销茶实施《边销茶国家储备管理办法》。我国边销茶品种主要有青砖、米砖、茯黑砖、康砖、普洱等。边销茶的原料主产区以湖北、四川、云南等省为主，边销茶滋味醇厚，便于携带保存，不仅可以满足边疆各民族群众的日常品饮需求，还是馈赠亲友的佳品。

侨销茶："侨"指的是"华侨"，侨销茶指销往香港、澳门等地区以及东南亚国家（如马来西亚、印度尼西亚、文莱等国）的茶。香港以及南洋一带是普洱圆茶的重要销售地。

茶马古道：茶马古道是指以茶为传播、贸易和消费主体，以马帮为主要运输手段而形成的文化、经济走廊。茶马古道是一个文化符号，一项大型线性文化遗产，也是一种研究方法。20世纪90年代，由西北"丝绸之路"带来的"西南丝绸之路"在西南逐渐成为热门课题，但木霁弘、陈宝亚等学者却指出"丝绸"不能作为西南贸易主体，他们在其后研究中启用"茶"作为西南贸易的研究主体，用"茶"

去观照与此相关的文化、经济现象，从此开拓了茶马古道这一新的研究视野和格局。

越陈越香：越陈越香是普洱茶的核心价值。独特的品种和制作工艺，让普洱茶的品质可以在贮存陈化中提升。普洱茶的越陈越香，主要是区别于需要尽快饮用、不适宜长期存放的茶类而言。"陈"指的是"陈化""陈年"等，香是"茶香"的"香"，也是"吃香"的"香"。那些在拍卖行屡创新高的古董茶，正是普洱茶"越陈越香"的表现形式之一。

参考文献

1. 陈椽. 茶药学 [M]. 北京：中国展望出版社，1987.

2. 陈椽. 茶叶商品学 [M]. 合肥：中国科学技术大学出版社，1991.

3. 陈涛涛. 茶常识速查速用大全集 [M]. 北京：中国法制出版社，2014.

4. 陈以义. 普洱茶史的考证 [J]. 茶业通报，1987(1).

5. 程昕. 借用古名——普洱茶"熟茶"来由探秘 [J]. 普洱，2016（8）.

6.(清) 赵学敏. 本草纲目拾遗 [M]. 北京：中国中医药出版社，2007.

7. 蔡澜. 蔡澜旅行食记 [M]. 武汉：长江文艺出版社，2018.

8. 龚家顺，周红杰. 云南普洱茶化学 [M]. 昆明：云南科技出版社，2010.

9. 何国藩，林月婵，徐福祥. 广东普洱茶渥堆中细胞组织的显微变化及微生物分析 [M]. 茶叶科学，1987(7).

10. 中国人民政治协商会议云南省勐海县委员会文史资料委员会. 勐海文史资料 (第 1 集)[C]. 西双版纳报社印刷厂，1990：99.

11. 马桢祥. 泰缅经商回忆 [M]// 中国人民政治协商会议云南省委员会文史资料委员会. 云南文史资料选辑第九辑. 昆明：云南人民出版社，1989.

12. 万秀峰，刘宝建，等. 清代贡茶研究 [M]. 北京：故宫出版社，2014.

13. 万秀锋. 普洱贡茶在清宫中的使用考述 [J]. 农业考古，2012(5).

14. 王泽农. 万病仙药茶疗方剂 [M]. 北京：科学技术文献出版社，1994.

15. 吴树荣. 普洱茶漫谈 [J]. 农业考古，1993(4).

16. 伊恩·塔特索尔，罗布·德萨勒. 葡萄酒的自然史 [M]. 重庆：重庆大学出版社，2018.

17. 魏谋城. 云南省茶叶进出口公司志 1938—1990 年 [M]. 昆明：云南人民出版社，1993.

后记

本书的写作开始于 2018 年，我们发现大众对普洱熟茶缺乏了解，但同时也充满了好奇，所以就有了写一本普洱熟茶普及读物的想法。2020 年初，突如其来的疫情打乱了所有人的生活，在这个"寸步难行"的时期，我们完成了这本书的写作。在这本书的出版过程中，茶业复兴编辑部的罗安然、李姝琳 、王 娜，云南农业大学的马冰淞同学都倾注了大量的心血。

云南大学生命科学学院副教授 ，国家标准《地理标志产品 普洱茶》主要起草人张理珉老师对这本书进行了审校，他从事《发酵工程》《茶学概论》《发酵工程实验》等课程教学工作多年，对本书的专业知识进行了严格把关。福海茶厂主理人杨新源先生，扎根普洱茶原产地，他有着 20 多年的普洱茶行业从业经验，亦对本书初稿进行了认真审读，给出了宝贵意见。

普洱茶发酵在过去是秘而不宣的，在本书的写作过程中，勐海县福海茶厂给予了我们极大支持，特别是在技术方面，福海茶厂发酵师高美琼女士为我们讲解了普洱茶发酵工艺的繁枝细节。最后，我们还要感谢两年多来给我们提供茶样的近百家茶厂，以及与我们分享观点和故事的茶人和读者，虽然在这里未能一一列出你们的名字，但这本书事实上汇集了你们的善意和美好。

图书在版编目（CIP）数据

普洱熟茶教科书 / 周重林，杨静茜著 . —— 武汉：华中科技大学出版社，2020.10
（2022.3 重印）
ISBN 978-7-5680-6626-6

Ⅰ . ①普… Ⅱ . ①周… ②杨… Ⅲ . ①普洱茶—基本知识 Ⅳ . ① TS272.5

中国版本图书馆 CIP 数据核字 (2020) 第 180704 号

普洱熟茶教科书

Puer Shucha Jiaokeshu

周重林　杨静茜　著

策划编辑：杨　静

责任编辑：章　红

装帧设计：璞　间

责任监印：朱　玢

出版发行：华中科技大学出版社（中国·武汉）　　电话：（027）81321913
　　　　　武汉市东湖新技术开发区华工科技园　　邮编：430223

印　　刷：中华商务联合印刷（广东）有限公司

开　　本：880mm×1230mm　1/32

印　　张：8.5

字　　数：148 千字

版　　次：2022 年 3 月第 1 版第 3 次印刷

定　　价：69.00 元

本书若有印装质量问题，请向出版社营销中心调换
全国免费服务热线：400-6679-118　竭诚为您服务
版权所有　侵权必究